Maya 三维动画设计

李默尘　编著

东华大学出版社
·上海·

图书在版编目(CIP)数据

Maya 三维动画设计：项目教程 / 李默尘编著.
—上海：东华大学出版社，2020.1
ISBN 978-7-5669-1132-2

Ⅰ.①M… Ⅱ.①李… Ⅲ.①三维动画软件—
教材 Ⅳ.①TP391.414

中国版本图书馆 CIP 数据核字(2019)第 248042 号

责任编辑：冀宏丽 吴川灵
封面设计：Callen

Maya 三维动画设计

李默尘 编著

出　　　　版：东华大学出版社出版(上海市延安西路 1882 号,200051)
本 社 网 址：http//dhupress.dhu.edu.cn
天猫旗舰店：http//dhdx.tmall.com
营 销 中 心：021-62193056　62373056　62379558
印　　　　刷：上海龙腾印务有限公司
开　　　　本：787 mm×1092 mm　1/16
印　　　　张：10
字　　　　数：280 千字
版　　　　次：2020 年 1 月第 1 版
印　　　　次：2020 年 1 月第 1 次
书　　　　号：ISBN 978-7-5669-1132-2
定　　　　价：56.00 元

前　言

为适应教育发展的需要,培养动漫设计行业具备三维动画设计与制作技术的应用型人才,针对当前主流的三维动画设计制作软件——Maya撰写了本书。本书共分为六个章节,结合动画实例制作过程,对Maya软件三维动画制作的应用进行了全面的介绍,明确了作为一名三维动画师要具备的基本素质。

第一章讲述了Maya软件的概况和使用方法,通过介绍Maya界面的基本操作、视图操作、自定义设置、项目的创建,使读者能在较短的时间内掌握Maya软件的使用方法,从而为后面的项目制作奠定基础。

第二章讲述了道具设计、角色设计和场景设计的方法,通过项目的制作可以更好地掌握Maya建模的技术。

第三章讲述了材质的应用方法和材质贴图的绘制方法,通过项目的制作可以更好地掌握Maya各种材质球的属性以及贴图的绘制方法。

第四章主要介绍了在进行动画设置过程中骨骼绑定的基础知识,通过具体的项目训练可以更好地掌握骨骼系统制作和走路动画制作的方法。

第五章主要介绍了灯光的设置方法,通过具体的项目训练可以掌握三点灯光的设置以及灯光的高级应用。

第六章讲述了全局渲染面板、渲染面板重要参数的设置、分层渲染和后期合成,通过具体项目的渲染训练可以掌握三维动画的渲染方法。

本书在撰写的过程中得到了河源市魔方影视动画有限公司等设计企业和众多设计师的大力支持,在此表示衷心的感谢!另外,本书所有项目创意、实例图片均为作者原创,只能供教学使用,未经许可,不能作为任何商业用途。

由于作者水平有限,书中难免有疏漏之处,敬请广大读者批评指正。

目录 CONTENTS

第一章　初级 Maya

第一节　Maya 概述

Maya 是一个强大的三维动画图形图像软件,几乎提供了三维创作中要用到的所有工具,便于使用者创作出可以想象到的造型、特技效果、任何现实中无法完成的展示效果,小到显微镜才能看到的细胞,大到整个宇宙空间、超时空环境等。

Maya 是美国 Wavefront 的 The Advanced Visualizer、法国 Thomson Digital Image (TDI)的 Explore 和加拿大 Alias 的 Power Animator 这 3 个软件的结晶。1984 年,马克·希尔韦斯特(Mark Sylvester)、拉里·巴利斯(Larry Barels)和比尔·考维斯(Bill Kovacs)在美国加利福尼亚成立了一家名为 Wavefront 的数字图形公司。软件开发公司 Silicon Graphics Incorporated(SGI)收购了 Alias 和 Wavefront,即 Alias Wavefront 公司。此时 Alias 开发完成了一套以苹果机为平台的软件 Alias Sketch,把它移植到 SGI 平台,并加入了许多新的功能,这个项目的代称就是"Maya"。

在开发的早期,Maya 使用 TCL 作为它的脚本语言,合并以后,在支持 TCL、Perl 和 Sophia 中有了争议,由于 Sophia 比其他两个脚本的语言快,所以胜出。然而,加入了错误检查以后,它也变得慢了。经过多次讨论,公司决定采用 Alias 的 Maya 架构,再把 Wavefront 的代码合并进来。

1998 年,经过长时间研发的三维制作软件 Maya 终于面世。随着顶级的视觉效果公司如工业光魔和 Tippett 工作室把动画软件从 Softimage 换成 Maya,Alias Wavefront 成功地扩展了产品线,取得了巨大的市场份额。不久,从用户方面传来佳音,业内人士普遍认为 Maya 软件在角色、动画和特技效果方面都处于业界领先水平。这使得 Maya 在影视特效行业中成为一种被普遍接受的工业标准软件。2000 年,Alias Wavefront 公司推出 Universal Rendering,使各种平台的机器可以参加 Maya 的渲染。2001 年,Alias Wavefront 发布了 Maya 在 Mac OSX 和 Linux 平台上的新版本。2003 年,美国电影艺术与科学学院奖评选委员会授予 Alias Wavefront 公司奥斯卡科学与技术发展成就奖。同年,Alias Wavefront 公司正式将商标名称换成 Alias。

2006 年 1 月 10 日,欧特克(Autodesk)收购了 Alias Maya,正式变成了 Autodesk Maya。加入欧特克之后,Maya 陆续推出了 Maya 8.0、Maya 8.5 和 Maya 2008,软件版本的更新使生产的工作效率和工作流程得到最大的提升和优化。Maya 这个庞大三维软件系统,从最早的版本到 Maya 2016,算得上是飞速发展,用它创作出的三维影视作品已经举不胜举。

一、Maya 应用领域

Maya 是目前世界上非常优秀的三维动画软件之一,是相当高尖而复杂的三维计算机动画软件。使用 Maya 三维造型、动画和渲染软件,可以制作引人入胜的数字图像、逼真的动画和特别的视觉特效。无论是胶片或视频制作人员、游戏开发人员、图像艺术家、可视化设计专业人员还是三维爱好者,Maya 都能实现他们的应用需求,因此被广泛用于电影、电视、广告、计算机游戏和电视游戏等特效创作。它的应用领域主要包括下面几个方面:

一是平面图形可视化大大提升了平面设计产品展示的视觉效果,强大功能能够开阔平面设计师的应用视野;

二是网站资源开发;

三是电影特效,如应用于《星球大战》系列、《长城》等;

四是三维游戏设计及开发;

五是三维动画片的设计与制作,如应用于《大圣归来》等;

六是 VR 建模。

Maya 在影视动画等行业应用广泛。未来国内三维业的发展,需要人才,需要技术经验,需要生产管理流程,更需要符合国情的行业规范,需要逐步形成大型团队合作,达到产业规模化生产。

二、Maya 2016 的主要新功能介绍

1. 控制平行求值

Maya 2016 提供全新的平行求值系统,可提高角色控制的播放和操纵速度。这一全新的多线程系统设计旨在将计算分布到计算机中的现有内核和图形处理器。Viewport 2.0 采用基于 GPU 的新机制在图形硬件上执行变形。利用提供的 API,开发人员和技术软件操作人员可以创建自定义的 GPU 加速变形器。使用集成的性能分析器,可以更加轻松地了解并确定场景和插件中的瓶颈。

2. 新的雕刻工具集

使用 Maya 2016 中新的雕刻工具集,软件操作人员可以自由且直观地雕刻和塑造出更有美感的模型。新的雕刻工具集是 Maya 旧雕刻工具的升级版本,可以提供更多细节和更高的分辨率。笔刷具有体积和曲面衰减、图章图像、雕刻 UV,以及矢量置换图章支持。

3. Bifrost 中的自适应泡沫

软件操作人员现在可以在液体模拟中添加气泡、泡沫和水泡(浪花),从而创建出更加真实、具有更多细节的海洋、沙滩、湖泊等各类场景。利用摄影机自适应性,软件操作人员可以在需要展现细节时创建出接近摄影机的高分辨率模拟,同时减少其他区域中的泡沫粒子计算,从而缩短模拟时间。

4. Delta Mush 变形器

根据众多用户的要求,Maya 2016 现在提供新的 Delta Mush 变形器供生产流程使用。Delta Mush 可平滑变形,使最终结果更接近原始几何体。可以在多种不同的流程中使用该

变形器,例如自由绘制蒙皮、平滑粗略模拟结果和快照后期校正。Maya 用户可以在令人烦恼的小问题论坛上提出自己的工作流改进建议,也可以对现有建议进行投票;如果是较大的问题,需进入对 Maya 的构想论坛给出建议。

5. 全新外观

重新设计的用户界面(UI)在保留软件操作人员所熟悉的工作流模式的同时,也带来了新潮、一致、新鲜的用户体验。新图标、新字体以及优化的布局提高了 Maya UI 的可扩展性和可读性,从手持平板电脑到 Ultra HD 或 5K 显示器,支持多种形状系数、显示设备和分辨率。新菜单系统根据工作流进行了简化和重新分类,软件操作人员可以在需要时更便捷地找到想用的工具。

6. XGen 更易于使用,速度更快

通过全新的预设工作流,软件操作人员可以将预制的草或发型应用于网格,快速在网格之间共享外观,从而形成一个良好的开端。XGen 预设库随之前的 Maya Fur 预设一起提供,软件操作人员可以构建具有自定义缩略图的描述库,而无需每次都从头重新构建。使用新的导向雕刻笔刷工具,软件操作人员能够以交互方式更加快速地雕刻导向。通过样条线的宽度控制功能,可以创建基本体的自定义形状,例如叶子、鳞和羽毛。多线程可提高预览生成速度并增强交互性,减少在曲面上生成基本体所花费的等待时间;新的边界框通过减少生成的多边形数量,加快了视口中的预览速度。

7. Bifrost 中的导向模拟

通过新的导向模拟工作流,软件使用人员可以使用缓存的模拟或动画网格对象来驱动液体的行为,也可以使用完全深度的低分辨率液体在液体曲面上引导高分辨率模拟,还可以实现经过仔细艺术处理的巨型波浪之类的效果。软件操作人员可以执行多次高分辨率迭代,同时保留基础导向模拟的基本外观和运动。

8. Bifrost 中的自适应 Aero 解算器

Maya 2016 中全新的自适应 Aero 解算器能够生成大气效果,如烟和雾。与 Maya 流体效果相比,Aero 可生成具有更多细节、物理精确度更高的模拟。与使用导向模拟类似,低分辨率 Aero 解算器可以驱动更高分辨率的细节。自适应性的附加优势是,软件操作人员可以在大型计算域中定义高分辨率区域。

9. 外观开发工作流增强功能

Maya 2016 中提供了全新的简化工作流和更新的用户界面,软件操作人员可以更加直观便捷地在 Hypershade 中构建和编辑材质,从而更快地获得结果。增强功能包括重新构建的节点编辑界面,更易于连接、安排和使用材质组件;新工作流实现了复杂材质图表的可视化和诊断。新的用户界面可以根据软件操作人员的首选设置进行自定义,还支持新增的布局选项卡,软件操作人员能够以更加有序的方式处理材质图表。此外,还实现了新的性能改进,软件操作人员可以不受干扰地在 Hypershade 中工作。

第二节　Maya 工作界面

一、启动 Maya 2016

在安装好 Maya 后,双击 Maya 图标,就可以启动 Maya 软件。具体版本可以根据操作者的喜好或者需求进行选择,操作方法大同小异,启动界面如图 1-2-1 所示。

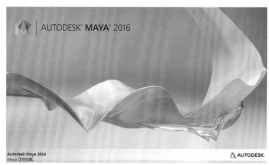

图 1-2-1

Maya 是一套极其庞大而又复杂的软件,其命令多达成千上万,它复杂的界面令初学者望而却步。Maya 的属性菜单虽然很多,但熟练掌握了 Maya 框架结构规律,就可以轻松应用了。复杂的界面体现出了 Maya 设计极具科学性、严谨性和艺术性(图 1-2-2)。实际上,Maya 中的很多命令很少会用到,只要掌握相对数量的常用命令,用于平时的工作和创作,就能够满足基本应用需求。况且工种不同,例如:建模组只需要掌握几十个命令就可以完成

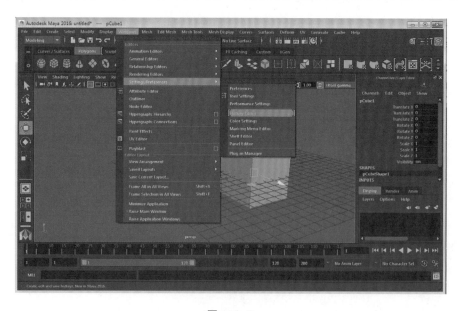

图 1-2-2

一个漂亮的模型。Maya 主界面的组成如图 1-2-3 所示。

图 1-2-3

二、标题栏

标题栏和大多数 Windows 应用程序一样。标题栏显示的是 Maya 软件的名称、版本号、文件存储位置以及文件名称(图 1-2-4)。

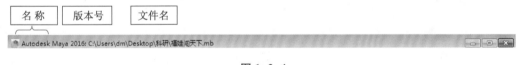

图 1-2-4

三、菜单栏

Maya 的操作完全可以通过菜单来完成。Maya 菜单分为通用菜单和模块菜单两大类(图 1-2-5)。在模块改变后,模块菜单也会发生相应的改变(图 1-2-6)。

图 1-2-5

图 1-2-6

四、状态栏

状态栏位于主界面的上方,主要用于显示与工作区操作相关的图标、按钮或者其他项目,也用于在物体的各个选择元素之间进行切换(图 1-2-7)。

图 1-2-7

模块菜单 Modeling ▼:Maya 中包括 Animation(动画)、Polygon(多边形建模)、Surfaces(曲面建模)、Dynamics(动力学)、Rendering(渲染)、nCloth(布料)和 Customize(自定义)7 个默认的工作模块,这 7 个模块分别对应着 Maya 中不同的工作内容。在模块选择器中选择不同的模块,Maya 的菜单也会发生相应的改变。

文件操作按钮 :包括新建文件、打开文件和保存文件 3 个命令。

选择模式 :分别为选取层级、选取物体和选取物体的子级别 3 种。

选项遮罩 :用于指定物体、组成元素或者层级可以被选取的类型,当按钮下陷时就可以起作用,也就是说场景中同一类的物体可以被选择。

锁定 :使物体移动、旋转和缩放,仅仅对工作空间中处于选取状态的物体或者项目起作用。

吸附模式 :在场景中,用于精确移动物体的选项。在移动时,可以使物体始终吸附在相关项目上,主要有网格吸附、曲线吸附、点吸附等。

操作列表 :可以浏览被选中物体的操作执行情况。

历史 :关闭或者打开物体的构造历史记录。构造历史包括应用于物体的参数、修改器和建模操作等。

渲染 :可根据操作需要选用不同的渲染方式,分别为打开渲染视图、快速渲染和 IPR 渲染。

渲染设置 :点击该按钮可打开 Maya 的渲染设置窗口,对渲染的各项参数做进一步的调整。

键入式属性控制框 X: Y: Z: ：通过输入方式对场景中的物体进行操作。单击左侧的 图标，可以看到键入式属性控制框中 Absolute transform、Relative transform、Rename 和 Select by name 4 个操作项。

① 选择"Absolute transform"项，通过输入参数值的方式，使被选择物体按照世界坐标进行移动、旋转或缩放。

② 选择"Relative transform"项，通过输入参数值的方式，使被选择物体相对物体当前位置进行移动、旋转或缩放。

③ 选择"Rename"项，可以直接在键入式属性控制框中输入物体新的名称，或为场景中选择的物体改名。

④ 选择"Select by name"项，可以直接在键入式属性控制框中输入物体名称，场景中对应的物体就会被选择。

五、常用操作工具栏

常用工具栏是使用率最高的工具，主要包括选择（Select）、移动（Move）、旋转（Rotate）、缩放（Scale）等工具。常用物体操作工具，依次为选取工具、套索选择工具、画笔选择工具、移动工具、旋转工具、缩放工具、操纵杆工具、柔性修改工具、当前使用工具等。

选取工具 ：用于选取物体，位于常用工具栏的最上侧，快捷键是"Q"。单击选取此工具，然后在要选取的线或面上单击即可。

套索选择工具 ：用于选择不规则的物体。单击选取此工具，然后在视图中通过拖拽鼠标形成一个选择区域，以选择物体。

画笔选择工具 ：选择物体的另一种形式。这时鼠标会变为一支画笔，画到的地方就会被选择。

移动工具 ：用于移动物体。选择物体后会显示出 3 个带有箭头的坐标轴向，可以使物体在 3 个轴向上任意移动，快捷键是"W"。

旋转工具 ：用于旋转物体。单击选取此工具，被选择物体会出现不同轴向的旋转轴，可任意旋转，快捷键是"E"。

缩放工具 ：缩放工具用于改变一个物体的大小和比例。缩放可以按比例进行，也可以不按比例进行。单击选取此工具，被选择物体会出现 3 个轴向的杠杆，可对物体在任意轴向上放大缩小，快捷键是"R"。

六、视图栏

透视图切换 ：选中该图标，视图切换到透视图。

四视图切换 ：选中该图标，视图切换到四视图。

透视图/大纲视图切换 ：选中该图标，视图切换到透视图/大纲视图。

透视图/图表切换 ![icon]：选中该图标，视图切换到透视图/图表。

超着色/透视图切换 ![icon]：选中该图标，视图切换到超着色/透视图。

透视图/图表/超图表切换 ![icon]：选中该图标，视图切换到透视图/图表/超图表。

七、动画控制区

动画控制区包含时间轴和时间范围滑块，位于视图区下方（图1-2-8）。动画控制区分为上下两层，上层为时间轴，下层为时间滑块。右侧是向前播放、向后播放、向前进一个关键帧、向后退一个关键帧等与动画播放相关的设置按钮。

图 1-2-8

图 1-2-9

八、命令栏和帮助栏

在动画控制区下方是命令栏和帮助栏（图1-2-9）。命令栏整个就像一个向导，其中上面是命令栏，左边为命令输入文本框（采用的语法为 Maya 的 Mel 标准语言），右边为命令执行。下面是帮助栏，会反映一些操作提示和有用的信息。

九、通道栏

物体最常用的各种属性都集中在通道栏中。选中场景中创建的物体，即可在通道栏中观察到物体的属性（图1-2-10）。

第一行信息"pCube1"为物体名称。可以直接在栏中重新命名物体名称，如单击输入"sqmx"等任意英文字符，然后按"Enter 键"即可重新为物体命名。

通道栏中的信息分为 3 类：控制坐标的 Translate、控制旋转的 Rotate 和控制物体缩放的 Scale。每个类型的属性又分为"X""Y""Z"3 个轴，分别对应空间坐标上的 3 个轴。

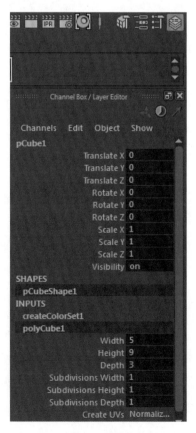

图 1-2-10

十、层编辑器

通道栏的下方是图层区,如图 1-2-11 所示。在 Maya 中,图层的概念与其他平面软件有很大的不同,是指对场景中的物体进行分组管理。当复杂场景中有大量物体的时候,可以自定义一些物体设置到某一层,然后通过对图层的控制来决定该组物体是否显示或是否能够被选择。图层操作并不对物体有任何实质的操作和编辑,是为了更方便、直观地管理物体。

在图层的顶端有"Display""Render""Anim"3 个单选按钮,分别用于控制切换图层、渲染图层及动画层。默认选中"Display"单选按钮,表示当前显示图层的属性。如果选中"Render"单选按钮,图层区将切换显示为渲染图层(图 1-2-12);选中"Anim"单选按钮,图层区将切换显示为动画层(图 1-2-13)。

图 1-2-11

图 1-2-12

图 1-2-13

十一、属性编辑器

"Attribute Editor(属性编辑器)"是 Maya 中最重要的编辑器。它提供对所有类型节点的编辑功能,如模型、材质、贴图、粒子、动力场、灯光等,都可以在这里进行相关参数的编辑操作(图 1-2-14)。

十二、工具编辑器

点击"Show(显示)/Hide Tool Settings(隐藏工具)"图标,在工具栏中选择任意一个工具,该面板就会显示与之相匹配的工具设置。如:选择"Select Tool(选择工具)"打开工具编辑器,即会显示与之相匹配的工具设置(图 1-2-15)。

图 1-2-14

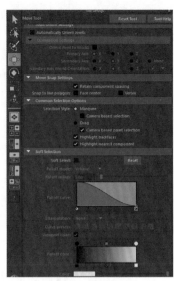

图 1-2-15

第三节 视图操作

视图窗口的操作看起来虽然简单,但它是使用频率最高的命令,几乎每一次的做图都要使用很多次,不熟悉此命令就会大大地降低工作效率。

一、视图的基本介绍

与大多数三维软件一样,Maya 的工作区域分为四视图,分别是 Front View(正视图)、Top View(顶视图)、Side View(侧视图)、Persp View(透视图)(图 1-3-1)。这四个视图都

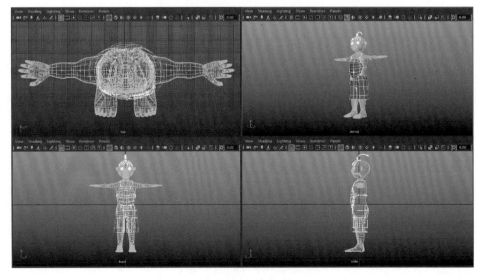

图 1-3-1

可以最大化显示,便于更进一步的观察。Maya 的视图最大化的快捷键是空格键。可以把鼠标放在一个想要最大化的视图上面,快速地敲一下空格键,一定要快速,否则就会弹出菜单的悬浮面板。当视图最大化的时候,若需要切回四视图方式,可以再在视图上快速地敲一下空格键,若需要会再次切换回四视图的方式。

　　视图还可以根据个人喜好进行背景颜色的切换,其快捷方式是"Alt+B 键"进行切换,一共有四种模式,如图 1-3-2 至图 1-3-5 所示。

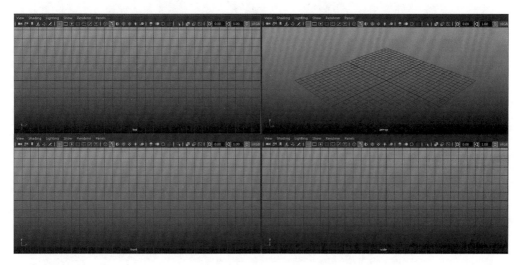

图 1-3-2

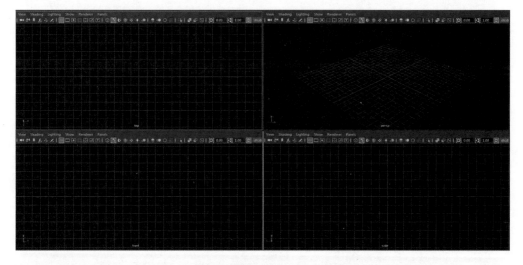

图 1-3-3

　　将鼠标放在视图中,按空格键不放,然后把鼠标移到弹出的浮动菜单的中央,即被框选的"Maya"处,按下鼠标右键时,会弹出切换的视图选择,选择想切换的视图,用鼠标右击就可以对视图进行切换(图 1-3-6)。

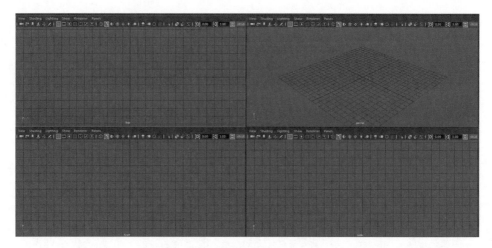

图 1-3-4

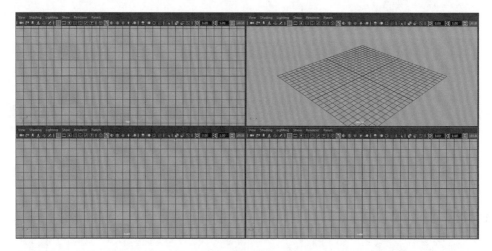

图 1-3-5

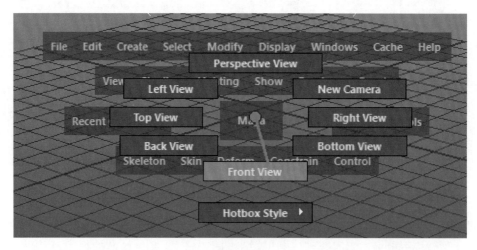

图 1-3-6

使用键盘的"Alt+鼠标左键",可以操作视图进行旋转,"Alt+鼠标中键",可以操作视图进行平移,"Alt+鼠标右键"可以操作视图进行放缩。旋转视图只能在透视图中使用,而其他三个视图不支持旋转的操作。

对于 Polygon 模型,在视图中按下"4 键"是线框显示模式;按下"5 键"是实体显示模式;按下"6 键"是贴图显示模式;按下"7 键"是灯光显示模式(图 1-3-7)。

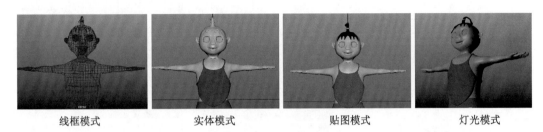

线框模式　　　　　实体模式　　　　　贴图模式　　　　　灯光模式

图 1-3-7

对于 Nurbs 模型,在视图中按下"1 键"是一级精度显示模式;按下"2 键"是二级精度显示模式;按下"3 键"是三级精度显示模式,其他操作同 Polygon 模型(图 1-3-8)。

一级显示模式　　　　　二级显示模式　　　　　三级显示模式

图 1-3-8

二、视图菜单

视图菜单包含与视图有关的菜单和命令,如设置视图中某类对象为可见或不可见、是否使用灯光、设定摄像机属性等。在每个视图上方都有各自的小菜单,对操作视图来说都是相同的,涉及视图的显示状态、显示内容、布局方式等多项内容,如图 1-3-9 所示,依次为 View(视图)、Shading(着色)、Lighting(照明)、Show(显示)、Renderer(渲染)、Panels(面板)菜单。

1. View(视图)菜单

在 View(视图)菜单中对视图摄影机进行控制。在 Maya 中所有的视图都是通过摄影机来观察的,也就是通过视图观察场景,即通过特殊的摄影机来观察场景。所以在 View(视图)菜单中提供的视图控制工具都称为摄影机工具。对视图的调节实际上就是对视图摄影机进行调节,如图 1-3-10 所示。

2. Shading(着色)菜单

在 Shading(着色)菜单中控制视图中场景的显示方式,在进行动画制作的时候,经常需要切换不同的视图显示方式,方便观察场景的布线、面数等,如图 1-3-11 所示。

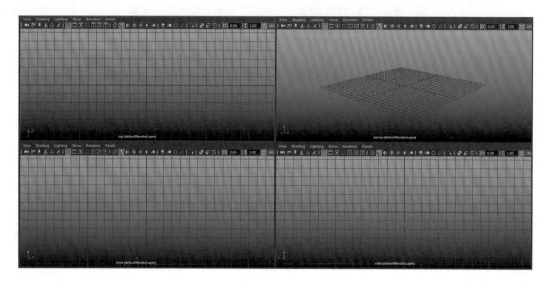

图 1-3-9

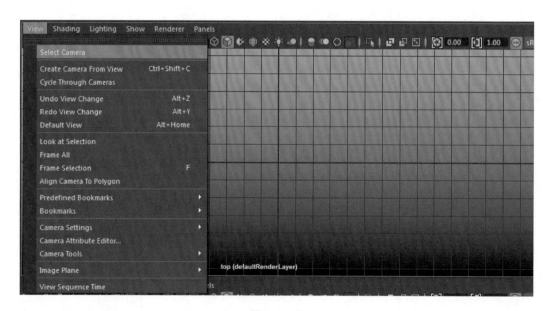

图 1-3-10

3. Lighting(灯光)菜单

Lighting(灯光)菜单用来控制场景显示如何使用灯光,如图 1-3-12 所示。

4. Show(显示)菜单

Show(显示)菜单用来控制视图中物体的显示。有时要制作比较复杂的模型,为了方便,需要隐藏一部分暂时不需要观察的面。如果不想查看某种类型的物体,也可以在这里关闭相应的物体类型,如图 1-3-13 所示。

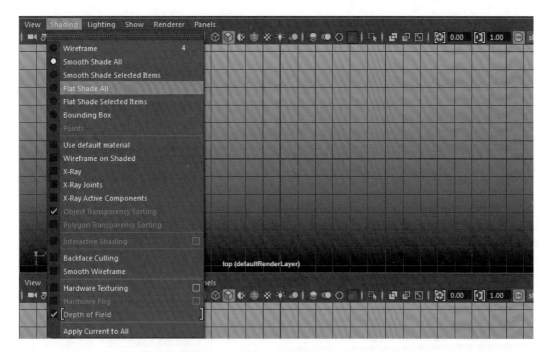

图 1-3-11

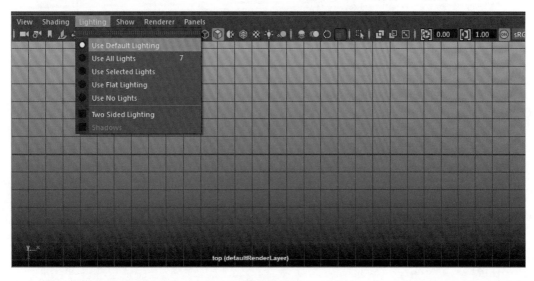

图 1-3-12

5. Renderer(渲染)

Renderer(渲染)菜单是用来设置渲染质量的,在这里可以进行默认质量渲染和高质量渲染的选择,如图 1-3-14 所示。

6. Panels(面板)菜单

Panels(面板)菜单是用来设置面板的,在这里可以控制面板的显示。因为 Maya 是一个综合的动画软件,有很多做动画的面板在实际制作动画的时候是用不到的,可以在这里设置适合自己的动画制作的面板布局,如图 1-3-15 所示。

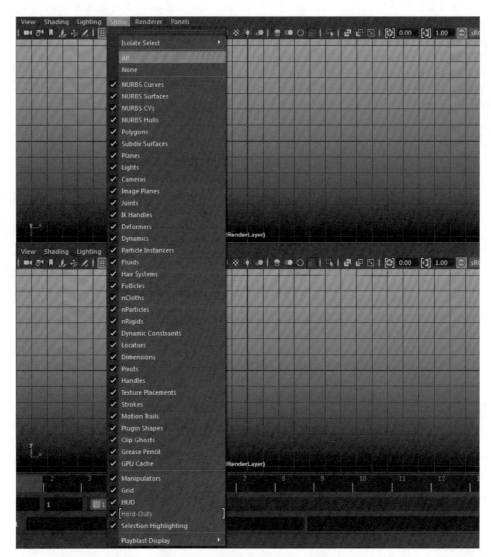

图 1-3-13

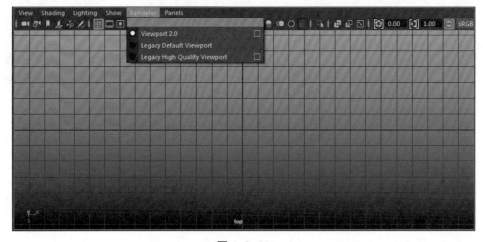

图 1-3-14

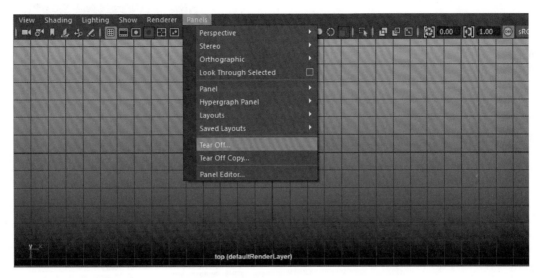

图 1-3-15

第四节 自定义设置

无论是快捷键还是工具架,都是为了方便用户操作预留的自定义设置。除了默认的工具架和快捷键以外,用户也可以根据需要进行自定义设置。

一、工具架设置

(一) 工具架介绍

在 Maya 默认工具架中,按照模块、功能的不同,设置了若干标签,每个标签中设置了该模块、功能中常用的命令快捷图标,如图 1-4-1 所示。工具架中的命令快捷键图标几乎都可以在菜单中找到相对应的命令,只需要单击工具架上的图标即可执行该命令,双击图标执行命令时,可以调出属性设置对话框。

图 1-4-1

(二) 工具架的基础操作

工具架存在的作用是为了便于操作,虽然 Maya 工具架中的命令图标是经过软件开发者精心挑选分类的,但是细致的分类无疑增加了用户寻找命令的过程,要想真正做到便于设计创作,还需要用户根据各自的工作需求进行自定义工具架。

单击工具架左侧的 图标,在菜单中取消"Shelf Tabs(工具架选项卡)"选项的勾选(图

1-4-2)。

取消工具架多标签显示设置后,工具架上的标签被隐藏起来,工具架只显示当前激活的命令图标(图1-4-3)。

在单标签显示状态下,想切换到其他标签,可以单击 ⚙ 图标上方的 ▬ 图标,在菜单中选择对应的标签进行切换。再次单击工具架左侧的 ⚙ 图标,在菜单中勾选"Shelf Tabs"选项勾选,工具架恢复到多标签显示状态。

单击工具架左侧的 ⚙ 图标,如图 1-4-4 所示。选择"Shelf Editor ..."命令,出现 Shelves 属性设置对话框(图 1-4-5)。

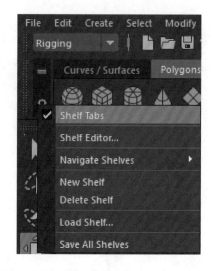

图 1-4-2

图 1-4-3

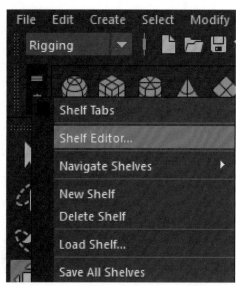

图 1-4-4

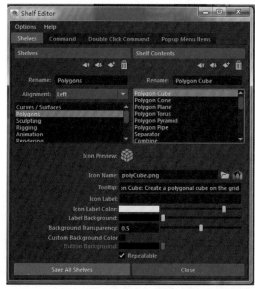

图 1-4-5

在菜单中选择"New Shelf"命令,可以在工具架中创建标签。在弹出的"Create New Shelf"对话框中的"Enter new name"属性框中输入新建工具架标签的名称"aa",如图1-4-6所示。选择"Delete Shelf"命令,表示删除工具架中当前激活的标签。选择"Load Shelves ..."命令,读取事先存为 mel 文

图 1-4-6

件的工具架标签设置信息。选择"Save All Shelves"命令,保存工具架中所有的标签设置信息。

(三)工具架标签设置

单击工具架左侧的 图标,选择"Shelf Editor …"命令,出现"Shelves"属性设置对话框(图1-4-7)。

在 Shelves 属性设置对话框,选择"Shelves"标签,在"Shelves"标签下记录了工具架上所有标签名称。单击"Move Up" 按钮(图1-4-8)以将所选标签顺序提前,单击"Move Down" 按钮(图1-4-9),可以将所选标签顺序后移;单击"New Shelf" 按钮(图1-4-10),则可以在 Shelves 框中添加"shelfLayout1"标签名称,工具架自动切换到新创建的标签。

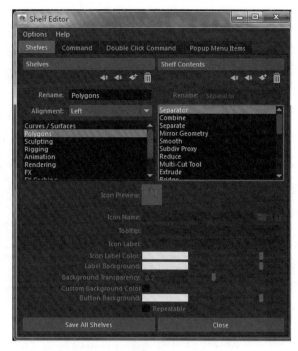

图1-4-7

图1-4-8

图1-4-9

图1-4-10

单击"Delete Shelf" 按钮(图1-4-11),将 Shelves 框中的标签删除。在 Name 属性框中,可以给 Shelves 框中选中的标签更名。

(1)Shelf Contents 标签

在 Shelves 属性设置对话框中选中工具架中的标签,单击"Shelf Contents"标签,在"Shelf Contents"标签下记录在 Shelves 标签中工具架标签下所有图标命令,如图1-4-12所示。

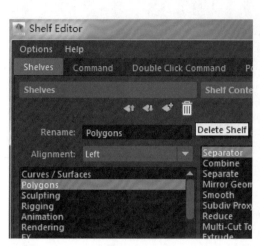

图 1-4-11   图 1-4-12

单击"Move Up" 按钮可以将所选标签顺序提前,单击"Move Down" 按钮可以将所选标签下移。单击"Delete Item" 按钮可以将所选择中的命令图标删除。

在"Label&tooltips"属性框中输入工具架中对应图标命令的工具提示信息。在"Icon name"属性框中输入图标上显示的工具名称。单击"Browse Maya icons" 按钮(图 1-4-13),在弹出的对话框中选择命令图标对应的图标(图 1-4-14)。

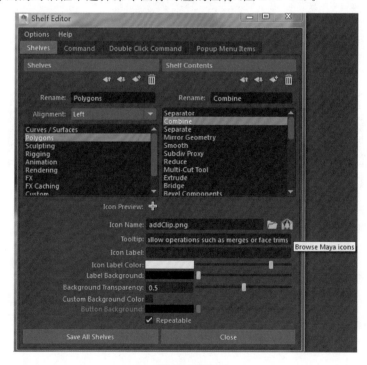

图 1-4-13

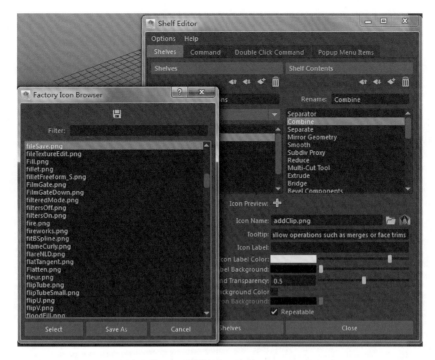

图 1-4-14

（2）Edit Commands 标签

单击标签，"Commands"标签下的框中输入或修改"Shelf Conteens"标签中选择的命令图标对应的 mel 命令（图 1-4-15）。

图 1-4-15

(四) 添加命令菜单中已有的命令

对于 Maya 菜单中已有的命令要添加到工具架中,可以通过键盘上的"Ctrl＋Shift 键"配合鼠标左键完成。例如,在工具架用户标签中添加"创建 Ambient Light"命令,图标被添加到当前激活的工具架标签中(图 1-4-16)。

图 1-4-16

二、快捷菜单设置

Maya 提供一套非常方便的快捷菜单操作模式,即 Marking Menu。这套菜单的功能与之前讲过的 Maya 菜单栏的设置完全一样。在工作区中按住键盘上的空格键就可以调出快捷菜单,但此时的快捷菜单只包含公共菜单和工作区菜单(图 1-4-17)。

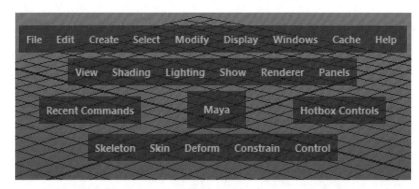

图 1-4-17

公共菜单和工作区菜单中的命令远远不能满足制作需求。其实,在快捷菜单中的命令栏和 Maya 界面中菜单栏各模块中的命令是相对应的,只是在默认情况下对这些模块菜单进行了隐藏。按住键盘的"空格键"调出快捷菜单,单击"Hotbox Controls"命令框,在菜单中选择"Show All"命令标记(图 1-4-18),将快捷菜单中各模块的菜单命令全部显示出来。

如果只要显示某一个菜单,在工作区按住键盘的"空格"键调出快捷菜单,单击"Hotbox Controls(快捷框控制)"命令框,在菜单中选择"Show Rendering(显示渲染)"命令标记下的"Rendering Only(仅仅显示渲染)"命令(图 1-4-19、图 1-4-20),在快捷菜单下方只显示渲染模块菜单。

如果仅仅显示多边形模块菜单,在工作区按住键盘的"空格键"调出快捷菜单,单击"Hotbox Controls"命令框,在菜单中选择"Show Polygons"命令标记下的"Polygons Only"命令,在快捷菜单下方只显示多边形模块菜单(图 1-4-21、图 1-4-22)。其他模块菜单以此类推。

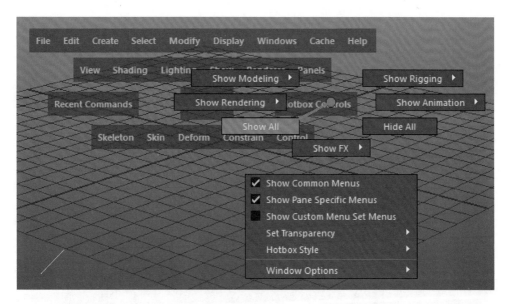

图 1-4-18

图 1-4-19

图 1-4-20

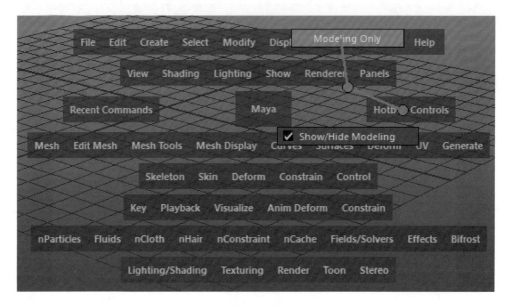

图 1-4-21

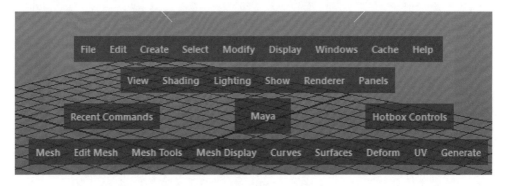

图 1-4-22

三、快捷键设置

Maya 中有很多快捷键,操作者可以通过这些快捷键来迅速完成某些操作流程。

执行"Window→Settings/Preferences→Hotkey Editor"命令打开"Hotkey Editor(快捷键编辑)"窗口,视图中列出了主菜单选项和相应的命令操作。通过对"Hotkey Editor"窗口的操作可设置快捷键(图 1-4-23)。

"Categories"列表框。在"Hotkey Editor"窗口中,"Categories"列表框中的选项为菜单名称,这里包含"Maya"的所有一级菜单和子菜单命令。

"Commands" 列表框。"Commands"列表框包含 Maya 中的所有菜单命令。在"Categories"列表中选择不同的菜单,"Commands"列表框中就会显示其对应的命令,(图 1-4-24)。

图 1-4-23

图 1-4-24

以设置"Hypershade(超着色)"的快捷键为例,打开"Hotkey Editor(快捷键编辑)",先在"Application Command"列表选择"Window",然后在"Rendering Editors"列表下选择"Hypershade",再单击右边快捷键设置框输入"M",指定"M"为"Hypershade"的快捷键,接着点击"M"旁边的"图标选择""添加快捷键"命令,最后单击"Save"按钮,完成"Hypershade"的快捷键设置(图1-4-25)。

图 1-4-25

第五节　UV 编辑器

UV 是针对多边形与细分表面的一个主要元素,同时又是确定 2D 纹理的坐标点,它控制纹理在模型上的对应关系,这里的纹理主要指 2D 的纹理,模型上的每个 UV 直接依附于

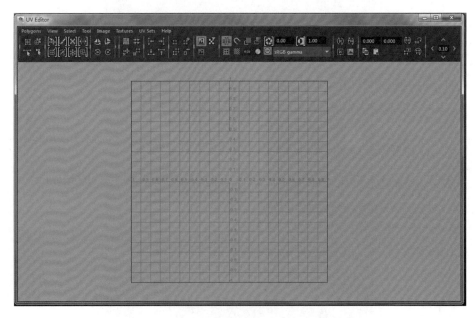

图 1-5-1

模型上的每个顶点。UV在2D纹理贴图上的表示:U对应于X,V对应于Y,即U相当于X,也就是贴图UV平面的水平方向;V相当于Y,也就是贴图UV平面的垂直方向。

在Maya中编辑主要使用UV Texture Editor(UV编辑器)窗口,它专门用于UV的排列与编辑。使用UV Texture Editor(UV编辑器),可选择"Windows/UV Texture Editor"命令打开,如图1-5-1所示。

UV Texture Editor(UV编辑器)有自己的窗口菜单与工具条,工具条实现的功能大部分都能在菜单中找到。作为一个视图窗口,它与三维视图窗口的视图操作方法完全相同。

第六节 项目的创建

一个项目在管理时,分门别类是非常重要的。Maya提供了一套完整的工程创建方案,它会自动把场景、贴图、渲染输出、Mel、材质、声音等文件存放在相应的文件夹中,并且当再次打开系统的时候,它会自动搜索这些文件。

具体的管理方法是执行"File(文件)/Project Window(项目窗口)"菜单打开"Project Window(项目窗口)"面板(图1-6-1),单击"New",然后输入工程名称"fwctx",其他选项使用默认名称即可,如图1-6-2所示,最后点击"Accept"同意。

图1-6-1

图1-6-2

创建好的项目还可以在File菜单下面执行"Set Project(设置方案)"命令,打开"Set Project(设置方案)"面板,对当前项目进行编辑和更改,然后单击"Set(设置)"完成修改设置(图1-6-3、图1-6-4)。

图 1-6-3

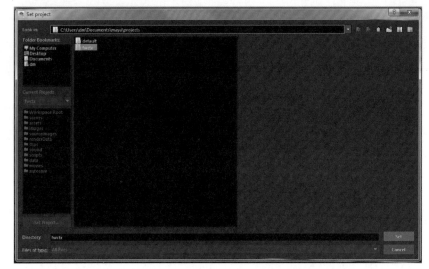

图 1-6-4

课后拓展

根据上面所学知识内容,结合自身的实际情况,进行工程文件的制作。

(1) 演练界面和视图的操作。

(2) 制作关于"fwctx"的工程文件。

第一节　道具模型的制作

任务目标：了解石碾的结构与特征；掌握道具模型制作的技巧与方法。

(1) 掌握石碾的基本结构。

(2) 掌握各种基本几何模型的有机组合。

任务介绍：该项目是《福娃闯天下》动画片中的道具石碾，该石碾造型方圆结合、结构优美(图 2-1-1)。

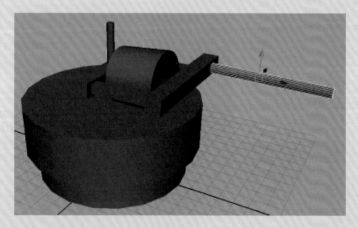

图 2-1-1

任务分析：对于石碾模型，首先要了解石碾的结构与特点，然后根据它的结构与特点进行制作，制作时要注意形体与布线之间的关系。道具结构的拆分，主要按照两个方面，第一个要根据模型的形状，第二个要根据制造的工艺。在制作石碾模型之前，首先要把石碾的结构进行一一分解，让复杂的结构变得简单，这样就可以方便后面的制作。

重点：模型的分类。

难点：各类模型属性的特征。

任务实施：石碾的模型造型比较独特，并且充满着中国民族特色。首先需要思考当前的道具可以分解成为哪几个独立部分，一般情况下需要靠制作者自身的经验进行分析，所以要求学习者应先独立思考后再看后面的步骤，这样对独立分析能力的养成有所帮助。

先从比较简单的基础部分开始，尝试用"Polygon(多边形)"建模技术进行道具建模，从而进一步深化对 Polygon 建模技术的认识，通过对物体的点、线、面进行空间上的移动，达到形体塑造的目的。

一、形体结构理解

设计制作之前要养成良好的分析习惯,因为道具设计制作在制作之前都必须对原画做理性的分析理解,其内容包括:

(1) 当前道具由哪几个部分构成,应该怎样制作。

(2) 道具的每一个构成部分,需要用什么样的立方体制作最快、最简洁。

(3) 道具模型的 Polygon 如何排布才合理、便于制作。

当然,还有如模型是否需要完全拆解,模型是否需要合并成为一体,则要根据不同公司的需要而定,这里就不赘述了。

下面把石碾分解成为 5 个部分:

(1) 碾台(也称碾盘)作为一个部分制作。

(2) 碾砣(也称碾磙子)作为一个部分制作。

(3) 碾框作为一个部分制作。

(4) 碾管作为一个部分制作。

(5) 碾棍作为一个部分制作。

在三维制作中秉承的一个原则就是在保持模型的外貌符合原画要求的前提下,尽量地节约面数。

二、道具模型的制作

该任务先要把各个组成部分的结构进行提炼,然后将整体结构进行组合,最后把碾台、碾砣、碾框、碾管、碾棍结构组合在一起。石碾模型的制作是一个比较复杂的过程,首先要把局部结构分解出来,然后要根据各个部分的形状进行取舍,最后才能得到一个完整的石碾模型。下面正式开始进行石碾的三维模型制作。

1. 碾台的制作

(1) 首先从大部件开始制作,也就是碾台部分。在 Maya 中打开"Create(创建)"菜单下面的"Polygon Primitives(标准多边形)",选择"Cylinder(圆柱体)"(图 2-1-2),在透视图创建一个如碾台的多边形圆柱体(图 2-1-3)。

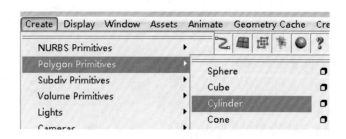

图 2-1-2

（2）按"Ctrl＋D 键"复制碾台，利用缩放工具将其调整缩小成碾台下面的台垫（图 2-1-4）。（注意：这里可以在 Maya 中导入原画作为参考图。）

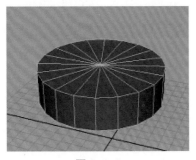

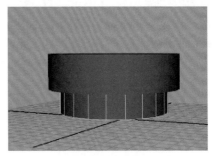

图 2-1-3　　　　　　　　　　　图 2-1-4

2. 碾管的制作

复制一个碾台，利用缩放工具将其调整缩小成碾管粗细，然后，拉伸其长度以适应碾砣的高度（图 2-1-5）。

3. 碾砣的制作

（1）创建一个如碾砣的多边形圆柱体，调整其大小以适应碾台（图 2-1-6）。

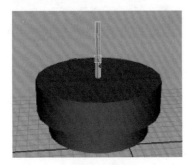

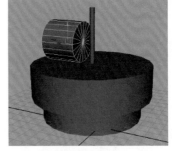

图 2-1-5　　　　　　　　　　　图 2-1-6

（2）按"F11 键"切换到面模式，选择靠近碾台中心部位的碾砣面，利用缩放工具缩小其造型，把碾砣调整成外大内小的造型（图 2-1-7、图 2-1-8）。

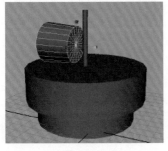

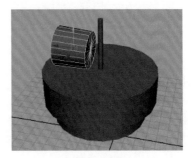

图 2-1-7　　　　　　　　　　　图 2-1-8

4. 碾框的制作

（1）在 Maya 里打开"Create（创建）"菜单下面的"Polygon Primitives（标准多边形）"，选

择"Cube(立方体)"(图 2-1-9),创建一个如碾框的多边形立方体,调整其大小以适应碾砣并调整到合适的位置(图 2-1-10)。

(2) 选中建好的立方体按"Ctrl＋D 键"进行复制并调整其长度,以便能插入碾棍(图 2-1-11)。

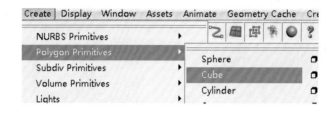

图 2-1-9

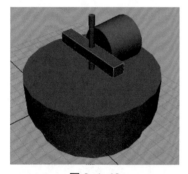

图 2-1-10

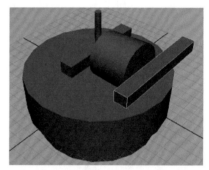

图 2-1-11

(3) 创建一个连接主碾框的多边形立方体,调整其大小到合适的位置以适应碾砣(图 2-1-12)。

(4) 选中建好的立方体进行复制并调整到合适的位置(图 2-1-13)。

(5) 创建一个多边形圆柱体,调整成碾砣中心轴造型,调整其大小及位置以适应碾砣(图 2-1-14)。

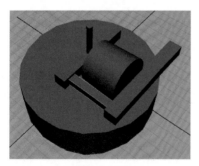

图 2-1-12

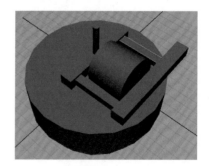

图 2-1-13

5. 碾棍的制作

创建一个如碾棍的多边形圆柱体,调整其大小以适应碾框的粗细、大小(图 2-1-15)。

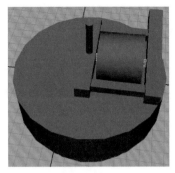

图 2-1-14

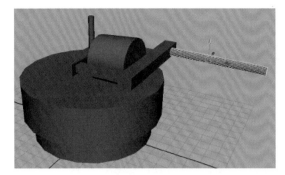

图 2-1-15

第二节　角色设计

三维角色建模是三维艺术的基础,若想做出理想的模型,就需要大量了解客观世界中的事物,掌握其基本规律。这里重点介绍角色造型建模,主要训练三维空间的感知能力,而在场景和道具等建模中,有很多软件使用技巧还需要认真学习和总结。

三维角色的建模,同样也属于美术造型的范畴,所以在动画片《福娃闯天下》中福娃的建模中,都必须将角色客观内在的结构、视觉感受根据需要表现出来。对结构的表现不应局限在作品中,在刻画角色时,应更多地对其内涵进行感受与把握,使作品形成自己独特的艺术魅力。

角色建模是整个生产流程中三维制作方面的第一个环节,会直接影响到后续流程的质量与进展,所以在流程中对角色建模制定了一套比较全面甚至苛刻的规则。在接下来的建模过程中,将按照生产流程中的要求去制作模型,以便大家明白什么样的模型才能合乎动画片生产的要求。

任务目标:掌握卡通角色的制作方法和制作要求;掌握卡通角色制作的思路。

(1)确定角色的比例,掌握头部结构。

(2)掌握角色身体的结构。

(3)掌握角色手部的结构。

(4)掌握角色腿部的结构。

(5)掌握角色整体的形体比例。

(6)掌握角色服饰造型与角色形体比例的关系。

任务介绍:该项目的角色主要是来自于动画片《福娃闯天下》中福娃的卡通形象,是一个具有中国民族特色的聪明、机灵的儿童形象(图 2-2-1)。在对卡通角色进行制作前,首先要确定卡通角色的比例,然后再使用多边形制作出卡通角色的基础模型,为后面角色的深入刻画提供基础。

任务分析:该项目主要通过对卡通角色的了解,讲述卡通角色的制作方法,然后,再对模型进行制作。在对角色进行制作前,首先要确定卡通角色的比例,然后再使用多边形制作出角色的基础模型。使用最基本的几何体概括出角色的各个部分,同时制作角色最基础的形状。

重点：角色基础模型的制作。

难点：模型的比例与结构。

任务实施：角色一直是动画片中的主角,角色的模型又成为角色表现的前提和基础,所以角色模型的制作成为了整个动画片制作重点之一。

从角色创作组拿到角色定稿后,首先明确这个角色在动画片中是一个什么样的性格特征,以及他在动画片剧情中所处的地位。图 2-2-1 所示是福娃的造型定稿。动画片的制作是一个复杂、繁琐的工程,就拿福娃这个角色来说,为了更好地突出角色的个性特征,人物设定前前后后经过了多次修改,才最终将他作为福娃的形象。

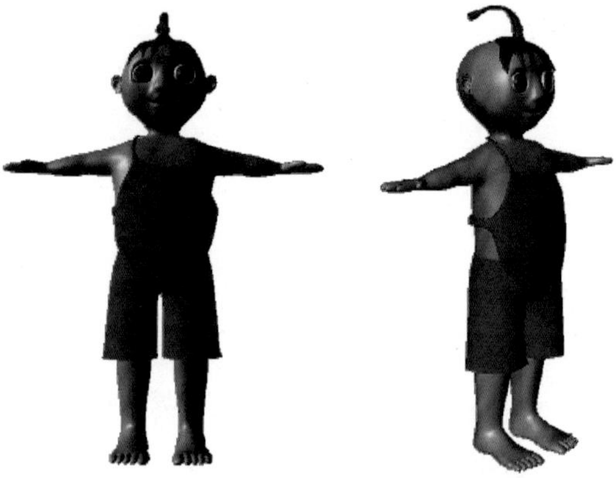

图 2-2-1

一、福娃的头部模型制作

角色头部是建模中最为复杂的环节,所以要对头部结构进行高度的概括。接下来将详细讲述福娃的头部模型制作。本例以福娃的头部结构为准,从头部的大体建模、五官的大体建模、五官的细部刻画(如眼球、口腔牙齿和舌头的建模)、头发的建模,依次进行制作。

(一)头部结构分析

因为要进行的是福娃的头部建模,需要了解一下头部的形体结构规律。在这里主要针对三维建模对头部的形体结构、外形特征、头部的基本比例作一个分析。

头部的骨架形状介于圆球体和立方体之间。头部分脑颅和面颅两个部分。注意额头区、颧骨区、上颌骨区、下颌区等体块之间的相互穿插,才能准确完成头部的大体建模。

头骨的形状决定了头部的外形特征,所以需要对构建角色的性别和外形特征进行分析。

头部的基本比例是五官细部建模的重要依据。学习人员可以在日常生活中多观察周围人的五官位置,强化对头部比例的理解,如此在进行五官的细部建模时,才能得心应手。

(二)头部的建模

(1)创建一个轴分割为 12 段,高度分割为 8 段,球体中心在 Y 轴上的多边形球体。刚开始分段数太多的话,控制点调整起来就会太复杂,但分段太少又不能体现结构,分段和对象的形体结构紧密联系在一起,在 Subdivisions Height(细分高度)上,从中点开始按照眼睛、鼻子、嘴巴、下巴的部位来分,方便以后在 Axis 轴上镜像操作(偶数分段)(图2-2-2)。

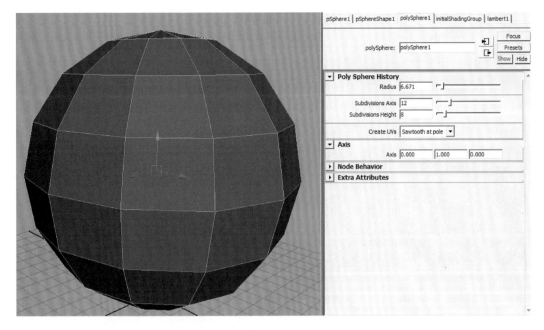

图 2-2-2

（2）对球体进行缩放调整，使其正面、顶面都呈椭圆形，再按"F9 键"切换到顶点模式，按照头部的结构规律，根据前期设计的角色造型，在各种视图里，耐心地调整出福娃的头部大体雏形（图 2-2-3、图 2-2-4）。

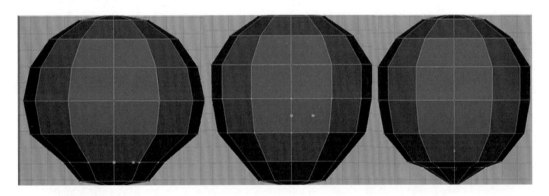

图 2-2-3

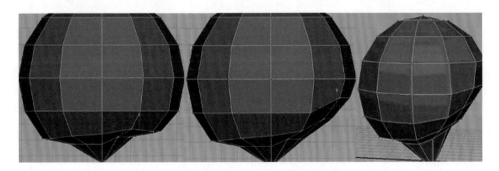

图 2-2-4

首先，利用移动工具选中可以调整出下颌区域点，调整出下颌的大体造型；然后，在颧骨区域点，调整出颧骨的大体造型；在脖子区域点，调整出可以"挤出"脖子的区域；最后，利用移动工具选中可以调整出脑颅区域点，调整出脑颅的大体造型。

（3）首先，使用"Edit Mesh/Delete Vertex"命令删除脖子处及头部的顶点，如图 2-2-5 所示；接着，按"F11 键"切换到面模式，选中底部要挤出脖子的面，使用"Edit Mesh（编辑网格）/Extrude（挤出）"命令"挤出"脖子。

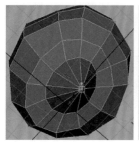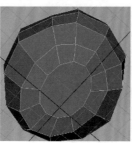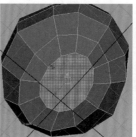

图 2-2-5

最后，在头顶的位置使用"Edit Mesh/Split Polygons Tool"命令重新划分曲面，这样光滑以后不会在头顶出现太密的网格。

（4）人的头部是左右对称的，在这里可以删除一半，然后再镜像复制即可。按"F11 键"切换到面模式，选中模型其中一半的面删除（图 2-2-6）。

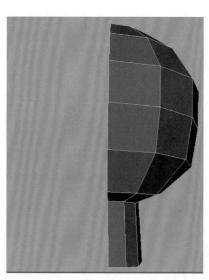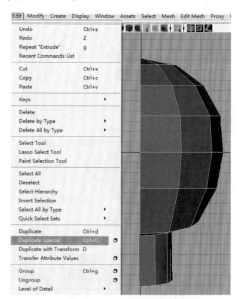

图 2-2-6   图 2-2-7

接着执行"Edit/Duplicate"命令打开属性栏，调整参数进行镜像关联复制，然后只需调整其中一边的模型就可以看到整体的变化效果（图 2-2-7）。

完成上面的步骤后，模型增加了线条和控制点，需要按"F9 键"再次进入顶点模式调整控制点以符合头部形体结构（图 2-2-8）。这时头部的外形大致表现出来了，尽量使用"File/Save

Scene"命令或"Ctrl＋S 键"保存文件,避免制作模型的过程中因为电脑故障而造成丢失文件。

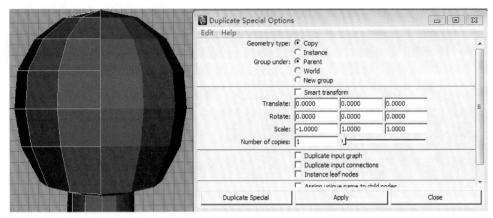

图 2-2-8

(三) 五官的大体建模

(1) 在完成的头部雏形的基础上,执行"编辑网格/分割多边形",进行鼻子、眉弓、眼眶大轮廓的分割。这里从眼睛开始确定面部各个器官的大体位置。执行"Edit Mesh(编辑网格)/Split Polygons Tool(分割多边形)"命令,在头部眼睛的位置进行线段的分割,效果如图 2-2-9 所示。加完分割线后,同样还需要在点模式下调整顶点位置。在后面的操作中,每添加完一次线都需要对顶点进行调整,如同雕塑的方法一步步朝着细节逼近。

(2) 执行"Edit Mesh(编辑网格)/Split Polygons Tool(分割多边形)"命令,在眼部再增加一圈线,并选择眼睛内部线删除,接着执行"Edit Mesh(编辑网格)/Extrude(挤出)"命令向内挤出眼眶大体轮廓,效果如图 2-2-10、图 2-2-11 所示。

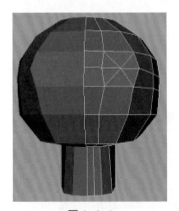

图 2-2-9

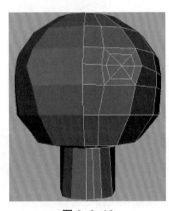

图 2-2-10

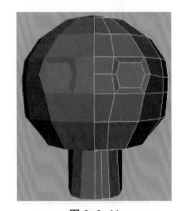

图 2-2-11

(3) 眼睛的大体位置确定好后,确定嘴部的大致外形。执行"Edit Mesh(编辑网格)/Split Polygons Tool(分割多边形)"命令,在嘴部位置首先添加一圈线以确定嘴部外轮廓的位置。执行"Edit Polygons(编辑网格)/Split Polygons Tool(分割多边形)"命令,进行嘴巴大轮廓的分割,继续分割出口轮匝肌的位置,并调整其造型,与眼睛的制作一样,使用分割面工具划分出嘴部的线条(图 2-2-12)。

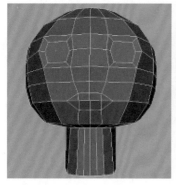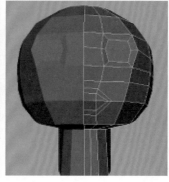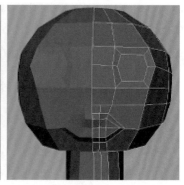

图 2-2-12

(4) 制作鼻子的外形。选择鼻部位置的面,执行"Edit Mesh(编辑网格)/Extrude(挤出)"命令并调整控制顶点。在"挤出"鼻子整体轮廓时要注意:这里选取的是在边界位置的面,"挤出"时在模型侧面会多出一块面,需要删除,操作效果如图 2-2-13 所示。

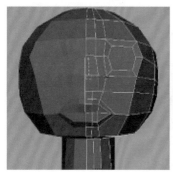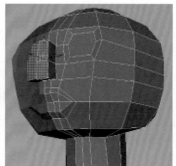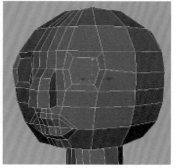

图 2-2-13

(5) 为了从整体上把握模型的结构,需要把耳朵的大致形状也制作出来。耳朵的位置在头部侧面中央偏后的位置,介于眉和鼻底之间。如图 2-2-14 所示,先调整顶点确定耳部

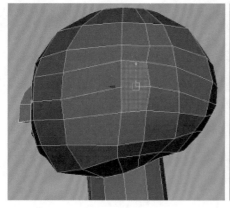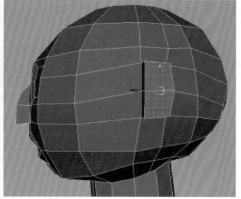

图 2-2-14

整体的面,再执行"Edit Mesh(编辑网格)/Extrude(挤出)"命令挤出耳部。

(四) 五官的细部刻画

建模重点是把创建的模型变得立体生动,通过丰富表情动画表现出人物的个性特征。为了后续创作中更好地表现人物各种各样复杂的面部表情,在建模时需要考虑肌肉构成的外形及走势。一般人物的面部表情最复杂的地方是眼部和嘴部。眼部和嘴部分别被呈一圈圈的眼轮匝肌和口轮匝肌的肌肉纤维包围着,所以在建模过程中,眼部和嘴部要按其肌肉的走势进行布线。在下面五官的细部刻画过程中,有时会根据需要删除一些没有按肌肉走势的线,再重新按肌肉走势布线。对于除眼部和嘴部外的面部其他部位,则需要根据面部的起伏走势来确定线的走向。

(1) 五官的细部刻画还是从眼部的结构开始。如图 2-2-15 所示,按"F11 键"切换到面模式,选择眼眶中间的面,按"Delete 键"删除,然后再删除鼻部多余的线,改变线的走势并继续调整控制点。按"3 键"进行平滑测试(图 2-2-16)。

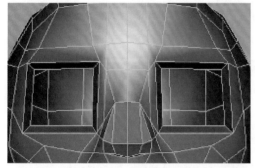

图 2-2-15

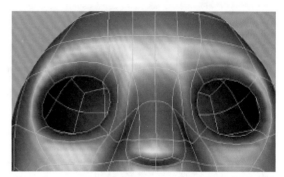

图 2-2-16

(2) 在模型的嘴部再添加一圈线,另外在唇缝位置也增加一圈线并删除里面的线段作为挤出口腔的位置(图 2-2-17)。

图 2-2-17

(3) 如果通过观察,发现眼部和嘴部纵向线的分段数不足以表现一定的细节,则需要在它们的周围添加几条纵向的线。要注意每添加一次线都要调整控制点,使其更符合人体结构。在对结构还不太清楚的情况下,可以在制作的过程中结合人体头部结构的图片进行比较调整,如图 2-2-18 所示。

（4）眼部是由一对镶嵌在眼眶内并被眼皮包裹着的眼球所构成的,所以为了制作方便,可以在眼部放入和眼球差不多大小的球体作为参考。这样在调整眼部的控制点时,才有依据,不至于把眼部做得不够立体且没有层次。但是放入眼眶的眼球要比眼眶略小一点。如图 2-2-19 所示,按"3 键"切换到平滑模式,可以在前视图、侧视图中观察并调整到合适的位置。

（5）嘴部的细节制作,还是使用"Extrude(挤出)"命令操作。因为这里的福娃模型在动画片中是需要开口说话的,所以需要把口腔内部的形状制作出来。首先切换到面模式,选择口腔位置的面,执行"Edit Mesh(编辑网格)/Extrude(挤出)"命令,向口腔内部挤入一次并调整顶点使唇部更圆滑,再挤进去一个面作为唇缝,到模型制作的最后再回到口腔的内部进行细部刻画的制作,如图 2-2-20 所示,口腔壁和嘴角是有厚度的,这里可以用两次"挤出"的方法来实现口腔壁的厚度。

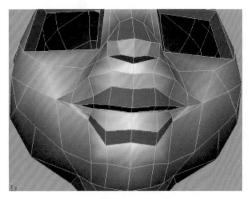
图 2-2-18

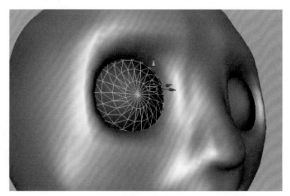
图 2-2-19

图 2-2-20

（6）在嘴部线的分段还是不够进行形体塑造的情况下,需要在不够表现外形的地方添加线并调整顶点(图 2-2-21)。

在模型制作过程中,线条并不是随意添加的。在不够表现外形特征的地方加线,同时还要注意所加的线一定要能发挥作用,即应该位于多边形面的转折位置,并对模型的结构产生影响。很多初学者在制作模型时总希望一次性加完所有需要的线,然后再对点进行调整,这

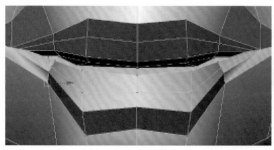

图 2-2-21

样就会造成一些分段线没有起到控制模型结构线的作用,反而增加了模型的多边形面数,却没有体现足够的模型细节。

（7）执行"Edit Mesh(编辑网格)/Split Polygons Tool（分割多边形）"命令,继续分割鼻子的面,调整出鼻梁、鼻头、鼻翼的造型,接着进行鼻孔位置的分割,调整出鼻孔位置(图 2-2-22)。

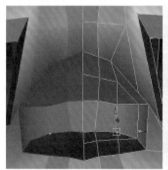

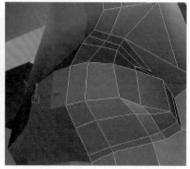

图 2-2-22

（8）切换到面模式,选中鼻孔位置的面,执行"Edit Mesh(编辑网格)/Extrude(挤出)"命令,调整其属性参数,进行鼻孔造型的"挤压",通过多次"挤压",进行缩放、移动调整,塑造出鼻孔的形状(图 2-2-23)。

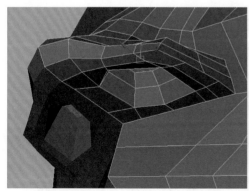
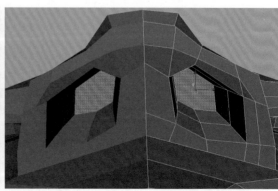

图 2-2-23

在鼻子的制作过程中,需要注意鼻子与其他五官的联系。鼻子位于眼部和嘴部的中间,同时还起着联系眼睛、嘴部结构线的作用,所以在制作鼻子的时候要同时考虑到其与眼部的结构线是如何进行连接的。另外还要注意鼻唇沟的位置,其位于嘴部上方的鼻翼两侧,是由上唇提肌的运动形成的结构,例如在微笑或者提嘴角时鼻唇沟就会显示出来。另外,在一些较胖或年龄较长的脸部,鼻唇沟也较明显。

动画片中福娃在外形上鼻唇沟不需要刻画得很明显,但考虑到后面角色面部表情动画的需要,还是要按照鼻唇沟的走势制作模型(图 2-2-24)。

(9) 在 Maya 界面右边的通道栏的堆栈中可以看到很多的操作历史记录,为了提高计算机的运行速度,要养成执行"Edit(编辑)/Delete by Type(根据类型删除)/History(构造历史)"命令清除历史记录的习惯。

接着通过在光滑模式下从多角度观察找出需要修改的地方,对整个模型面部继续修改和添加细节,在面部表情比较丰富的地方(如眉毛、额头和嘴部)再添加一些线,以方便面部表情动画的制作(图 2-2-25)。

图 2-2-24　　　　　　　　　　　　　　图 2-2-25

(10) 耳朵造型制作。耳朵在面部两侧造型比较复杂,一般是静态的,不参与动画制作,不用过于考虑布线问题,只要根据其结构耐心地使用加线和挤出等命令,就能制作出耳部的细节(图 2-2-26)。

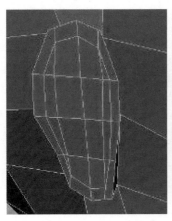  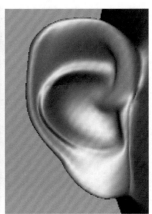

图 2-2-26

（五）眼球的建模

眼睛是角色灵魂的体现窗口,其制作
不容忽视,所以制作之前要了解眼球的结
构。眼球近似球形,位于眼眶内。正常成
年人的眼球的前后径平均为 24 mm,垂直
径平均为 23 mm。最前端突出于眶外
12～14 mm,受眼睑保护。其结构主要包括
瞳孔、角膜、晶状体、眼白(巩膜)和视网膜
等部分(图2-2-27)。

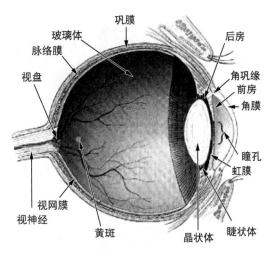

图 2-2-27

眼部的结构虽然复杂,但建模相对较
简单,直接使用 Nurbs 球体作为眼角膜,即
眼睛中产生高光的部分。再复制这个球体
并略缩小,结合后面章节的"材质制作"在这个球体上表现出眼睛的瞳孔、虹膜、眼白等部分。
另外,在眼部靠近鼻子两侧还各有一处被称为鼻泪管的结构,这可以通过选择工具架栏上的
"多边形球体"新建两个球体来实现。创建一个多边形球体,放置眼眶里面,进行瞳孔、眼
珠、眼白的设置。本文中的福娃是比较卡通的造型,眼睛由两个球体组成,完成效果如
图 2-2-28 所示。

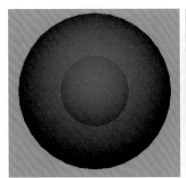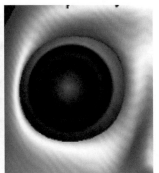

图 2-2-28

（六）口腔、牙齿和舌头的建模

要制作生动的动画角色,需要通过角色动作和语言来表现人物个性,以符合剧中角色身
份个性,所以口腔内部结构必须制作出来。口腔内部结构包括口腔壁、上下牙床和舌头等
部分。

(1) 口腔的制作。建模时只需要把嘴巴张开时所能看见的部分制作出来就可以了。首
先制作出口腔壁,选择唇缝的面,一步步地向内"挤出"唇面,并利用移动、缩放工具进行调
整,最后按"F9 键"切换到顶点模式。在顶点模式下调整出口腔的造型(图 2-2-29～
图 2-2-31)。

在制作口腔时,一定要考虑嘴唇的厚度,尤其是嘴角的位置,如图 2-2-29 所示,因为口

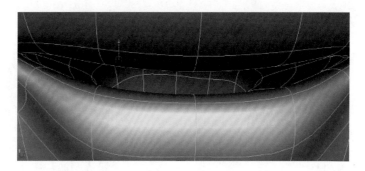

图 2-2-29

图 2-2-30

图 2-2-31

腔处在模型内部,难以观察到,所以建模时很容易被忽视。如果嘴角做得很薄的话,模型的嘴部活动时将出现嘴角撕裂的错误情况。

(2)牙齿及牙床的制作。牙齿生长在上下颌骨的牙床上,一般成人有 32 颗牙齿,牙齿的构造如图 2-2-32 所示,人类的牙齿包括切齿、尖齿及磨牙等部分。

建模时首先分别做出上下牙床,牙齿可以单独制作,因为动画片中的福娃是一个未成年人,牙齿这里数量可以适当减少,最后再按照参考图进行位置的摆放。牙齿基本上是左右对称的,也可以先制作其中的一半,完成后接着执行"Edit(编辑)/Duplicate(复制)"命令进行镜像关联复制,再执行"Combine

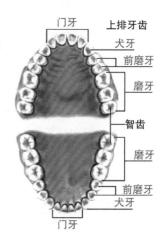

图 2-2-32

（合并）"命令合并整个模型，完成效果如图 2-2-33～图 2-2-36 所示。

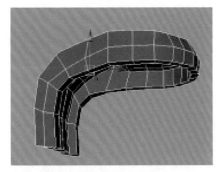

图 2-2-33

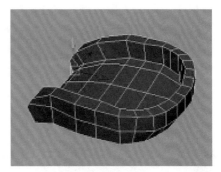

图 2-2-34

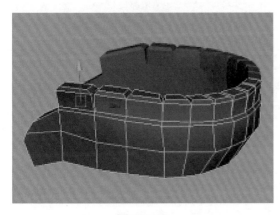

图 2-2-35

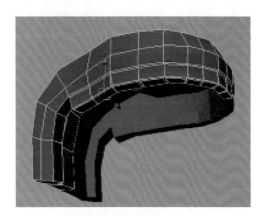

图 2-2-36

（3）舌头的制作。建模的时候可以对着镜子观察自己舌头的构造来进行制作，这里需要注意舌头应该隐藏在牙床底部，以免在张嘴的动作时露出舌根底部。另外对牙床的摆放也要注意，不能离开嘴唇的位置太远，并且要根据牙床的大小调整口腔，使其和牙床相匹配。完成的效果如图 2-2-37、图 2-2-38 所示。

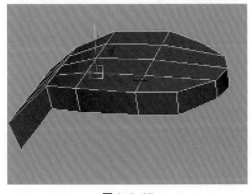

图 2-2-37

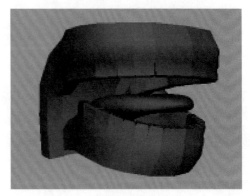

图 2-2-38

（七）头发的建模

在角色头顶部位为角色的头部添加头发。角色头发的设计需根据不同时代和不同民族及不同年龄的发型特点进行区分。同时在刻画的过程中要对头发的造型细节作深入的分析。

（1）按"F11 键"切换到面的模式，根据福娃的头发造型选中头顶接近发际线位置的面，利用顶点将发型调整到尽量接近福娃的头发造型，然后把选中的面执行"Mesh（网格）/Extract（榨取）"命令进行面的分离（图 2-2-39、图 2-2-40）。

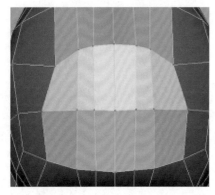 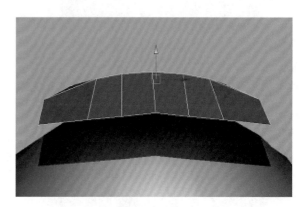

图 2-2-39   图 2-2-40

（2）选择榨取出来的面，执行"Edit Mesh（编辑网格）/Extrude（挤出）"命令，挤出一定的厚度，接着选择模型头部前面的面，向前挤出头发形状，然后切换到顶点的模式，调整出头发的造型（图2-2-41、图 2-2-42）。

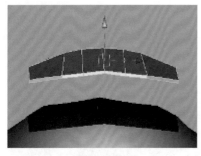 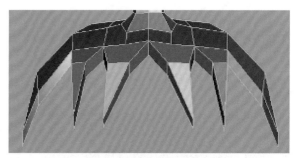

图 2-2-41   图 2-2-42

（3）发髻的制作。按"F11 键"切换到面的模式，在头发中间的合适部位选中要挤出的面，执行"Edit Mesh（编辑网格）/Extrude（挤出）"命令，一步步挤出发髻造型。然后切换到顶点的模式，进行发髻的细节调整，从而完成发髻的制作（图 2-2-43、图 2-2-44）。

（4）最后给发髻加上饰品。在发髻上添加一个多边形圆环，然后切换到顶点的模式，通过点的调整，制作出圆环饰品的造型，并调整到发髻合适的位置（图 2-2-45、图 2-2-46）。

整个头部的建模到这里就基本完成了，前视图、侧视图、透视图的造型如图 2-2-47所示。

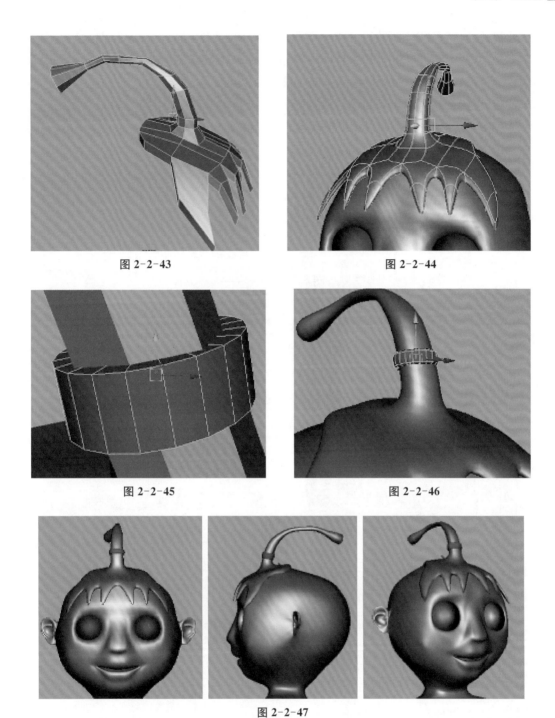

图 2-2-43

图 2-2-44

图 2-2-45

图 2-2-46

图 2-2-47

二、福娃的身体模型制作

由于福娃这个角色具有比较丰富的结构和细节,虽然不需要像真人角色一样写实,但一定要对身体结构进行高度的概括。下面结合福娃的身体结构,从颈部开始依次对胸部、腰部、腹部、臀部等部位详细讲述角色身体的模型制作。

从福娃的角色设定图中可以看出,福娃穿着的是紧身肚兜装,因此不存在运动过程中服装产生飘动的画面,可以将衣服和身体的模型作为一个整体。首先将福娃按照人体比例做出大致的身体模型,再依据身体模型制作角色的衣服和道具。

（一）人体结构分析

在开始身体的制作之前,要先对人体的骨骼和躯干的基本结构作一个大致了解,这样才能在身体模型制作中准确地把握角色的基本造型,如图 2-2-48 所示。

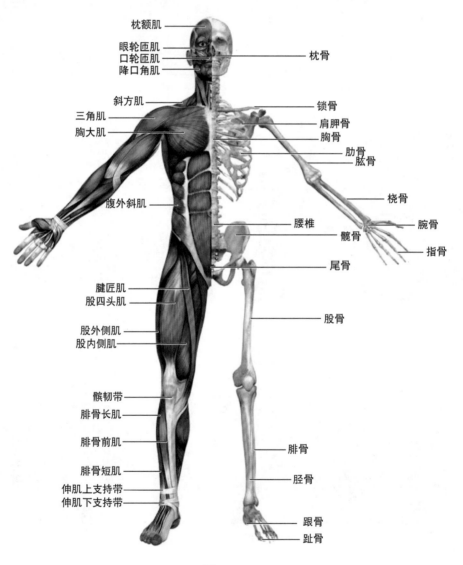

图 2-2-48

福娃是儿童角色造型,那么需要按儿童的头身比进行制作。这里根据福娃的原画造型设计把福娃的头身比例设置为1∶4 个头长来进行模型的塑造。运用人体肌肉结构及解剖学的一些基本知识,更好地把握形体变化。

（二）身体的建模

在制作的过程中要多观察原画，充分理解动画片设计与制作的主旨，制作要符合动画片角色设计的要求。

（1）打开制作完成的福娃头部模型，执行"Mesh（网格）/Combine（组合）"命令，再选择需要合并的点，执行"Edit Mesh（编辑网格）/Merge（合并）"命令，将头部完全连接（图2-2-49）。

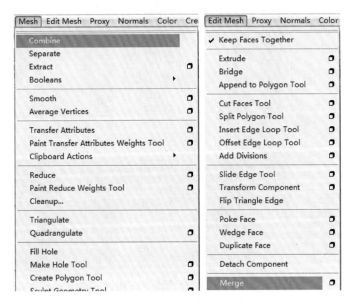

图 2-2-49

（2）按"F10键"进入线的模式，选择在福娃脖子下面的线，执行"Edit Mesh（编辑网格）/Extrude（挤出命令）"，移动"挤出"上半身长度的形体部分（图2-2-50）。

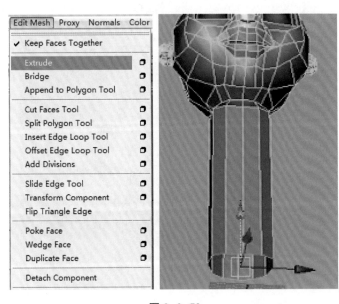

图 2-2-50

（3）在福娃已制作出身体的部分执行"Edit Mesh（编辑网格）/Insert Edge Loop Tool（插入循环边线）"产生 5 条环切线，分割出腰部、胸部、臀部的大体位置（图 2-2-51）。

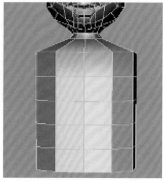

图 2-2-51

（4）在顶点模式下，使用移动、缩放工具调整出福娃躯干的宽度和厚度（图2-2-52）。

（5）选择整体模型，执行"Mesh（网格）/Extract（榨取）"命令，分开头部和躯干（图2-2-53）。

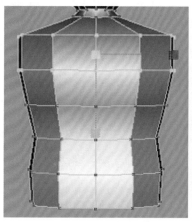

图 2-2-52

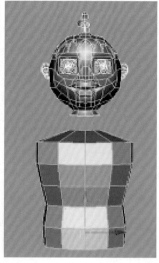

图 2-2-53

（6）在层面板创建头部层，将头部添加到该层并将其隐藏（图 2-2-54）。

（7）选择躯干，切换到面模式，删除躯干的一半（图 2-2-55）。

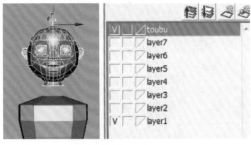

图 2-2-54

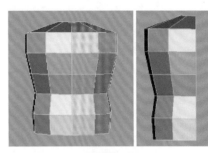

图 2-2-55

（8）执行"Edit(编辑)/Duplicate Special(复制特定)"镜像关联复制躯干（图 2-2-56）。

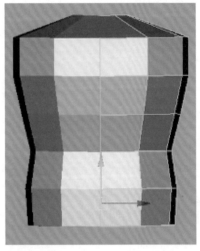

图 2-2-56

（9）通过透视图、侧视图、前视图的切换观察，调整出躯干的三维立体造型（图 2-2-57）。

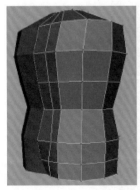
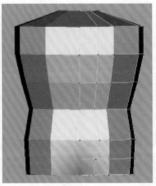
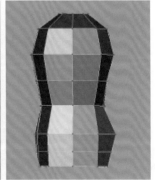

图 2-2-57

（10）执行"Edit Mesh(编辑网格)/Split Polygon Tool(分割多边形工具)"命令，调整出福娃的臀部造型，同时确定裆部位置（图 2-2-58）。

 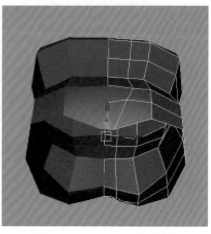

图 2-2-58

　　（11）选中档部的线，执行"Edit Mesh(编辑网格)/Bridge(桥接)"命令打开属性栏，属性栏分割参数设置为"3"，"桥接"出档部的面，并进行局部调整(图 2-2-59)。

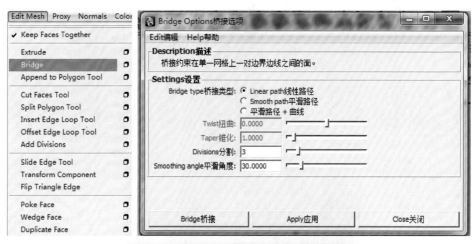

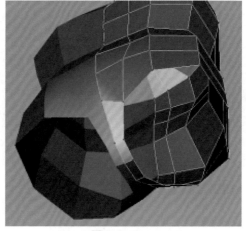

图 2-2-59

三、福娃的手部模型制作

由于该角色是一个儿童形象,所以需要注意儿童的特征,不需要像真人角色一样写实,但一定要对手部结构进行高度的概括。

(1) 在躯干上调整出要"挤出"手臂的位置(图 2-2-60)。

(2) 切换到面模式,选中要"挤出"手臂的面(图 2-2-61)。

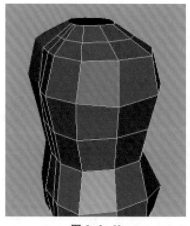 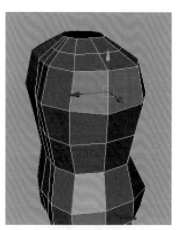

图 2-2-60　　　　　　　　　　　　图 2-2-61

(3) 执行"Edit Mesh(编辑网格)/Extrude(挤出)"命令"挤出"手臂(图 2-2-62)。

 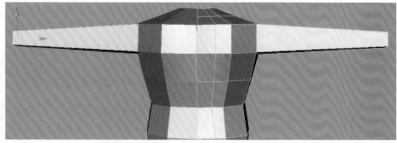

图 2-2-62

(4) 在"挤出"手臂的部分,执行"Edit Mesh(编辑网格)/Insert Edge Loop Tool(插入循环边线)"产生 9 条环切线,分别调整出臂部、肘部、手腕的造型(图 2-2-63、图 2-2-64)。

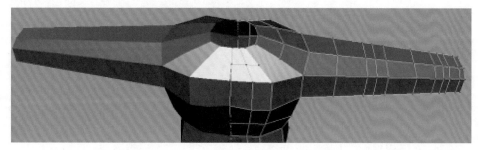

图 2-2-63

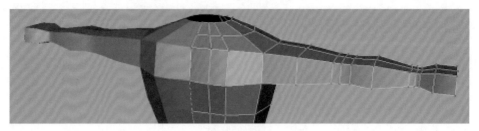

图 2-2-64

（5）在顶点模式下，在手腕的地方拉出手掌部分，调整出手掌的造型（图 2-2-65）。

（6）接着执行"Edit Mesh（编辑网格）/Split Polygon Tool（分割多边形工具）"分割出要"挤出"手指的位置（图 2-2-66）。

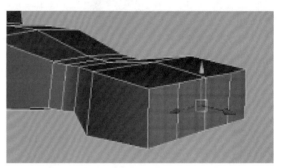

图 2-2-65　　　　　　　　　　　　　　图 2-2-66

（7）执行"Edit Mesh（编辑网格）/Extrude（挤出）"命令，分别"挤出"5 根手指（图 2-2-67）。

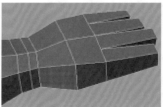

图 2-2-67

（8）在"挤出"的 5 根手指部分，执行"Edit Mesh（编辑网格）/Insert Edge Loop Tool（插入循环边线）"产生 6 条环切线调整出手指关节（图 2-2-68）。

（9）继续执行"Edit Mesh（编辑网格）/Extrude（挤出）"命令，通过"挤出"命令调整顶点分别塑造出 5 根手指的指甲造型。这里以食指为例，制作效果如图 2-2-69 所示，其他手指以此类推

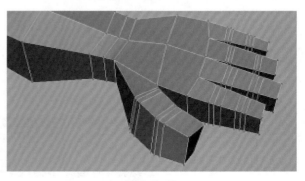

图 2-2-68

（图 2-2-70）。

图 2-2-69

图 2-2-70

四、福娃的腿部模型制作

由于福娃是一个儿童形象，所以注意儿童腿部的特征，一定要对腿部结构进行高度的概括。从大腿部位开始依次对膝盖、小腿、脚踝骨、脚掌、脚趾等进行深入的制作。

（1）在躯干下部调整出要"挤出"腿部的位置，按"F10键"切换到线模式，选中要"挤出"腿部的线（图 2-2-71）。

（2）执行"Edit Mesh（编辑网格）/Extrude（挤出）"命令"挤出"腿部（图 2-2-72）。

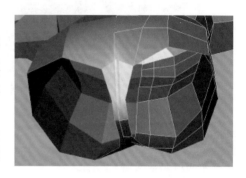

图 2-2-71

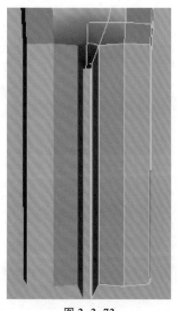

图 2-2-72

图 2-2-73

（3）在"挤出"腿部的部分，执行"Edit Mesh（编辑网格）/Insert Edge Loop Tool（插入循

环边线)",根据腿部结构插入适当的环切线,然后切换到顶点模式,分别调整出大腿、膝盖、脚踝的造型(图 2-2-73)。

(4)在顶点模式下,在脚踝的地方拉出脚掌部分,执行"Edit Mesh(编辑网格)/Insert Edge Loop Tool(插入循环边线)",根据脚部结构插入适当的环切线,然后切换到顶点模式,调整出脚掌的造型(图 2-2-74)。

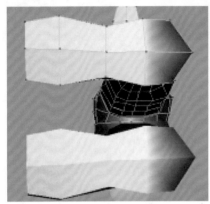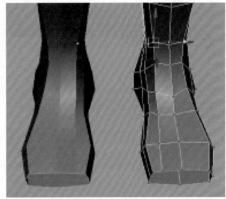

图 2-2-74

(5)切换到线模式,接着执行"Edit Mesh(编辑网格)/Bridge(桥接)"桥接出脚部封闭的面(图 2-2-75)。

(6)执行"Edit Mesh(编辑网格)/Split Polygon Tool(分割多边形工具)"分割出要"挤出"脚趾的位置(图 2-2-76)。

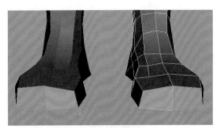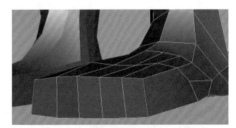

图 2-2-75　　　　　　　　　　　　　图 2-2-76

(7)执行"Edit Mesh(编辑网格)/Extrude(挤出)"命令,分别"挤出"五个脚趾(图 2-2-77)。

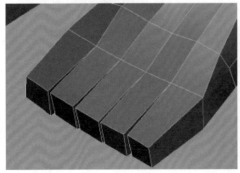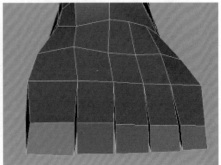

图 2-2-77

（8）在"挤出"的五个脚趾部分，执行"Edit Mesh（编辑网格）/Insert Edge Loop Tool（插入循环边线）"，根据脚趾关节插入环切线并调整出脚趾关节（图 2-2-78）。

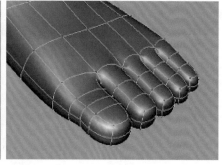

图 2-2-78

（9）继续执行"Edit Mesh（编辑网格）/Extrude（挤出）"命令，通过"挤出"调整顶点塑造出五个脚趾的指甲造型。这里以大脚趾为例，其他脚趾以此类推（图 2-2-79）。

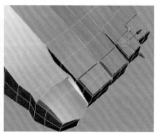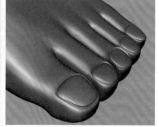

图 2-2-79

五、福娃造型的整体调整

结合福娃整体的结构，从身体各部位的组合到身体与头部的组合依次进行深入的制作。

（1）在层面板，隐藏执行"Mesh（网格）/Extract（榨取）"命令，分开头部。

（2）选中半边身体，执行"Edit（编辑）/Duplicate Special（复制特定）"命令，并打开其属性面板，设置几何形类型为实例，进行镜像复制（图 2-2-80）。

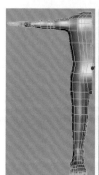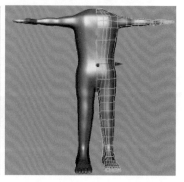

图 2-2-80

（3）选择两半边身体，执行"Mesh（网格）/Combine（组合）"命令合并身体（图 2-2-81）。

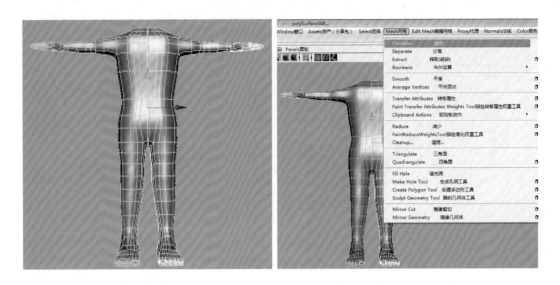

图 2-2-81

（4）选择身体左右两部分相交的点，执行"Edit Mesh（编辑网格）/Merge（合并）"命令，合并所有的点（图 2-2-82）。

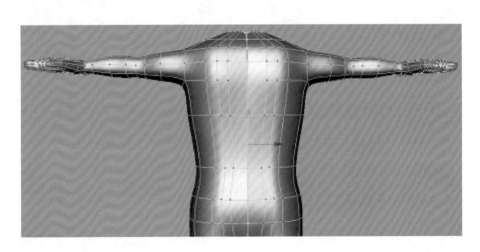

图 2-2-82

（5）在层面板，显示出打开隐藏的头部。选中头部，再按"Shift 键"加选身体，执行"Mesh（网格）/Combine（组合）"命令合并身体（图 2-2-83、图 2-2-84）。

（6）选择头部与身体相交的点，执行"Edit Mesh（编辑网格）/Merge（合并）"命令，合并所有的点（图 2-2-85）。

（7）执行"Mesh（网格）/Smooth（平滑）"命令，进行 1 级平滑，完成福娃的全身建模（图 2-2-86）。

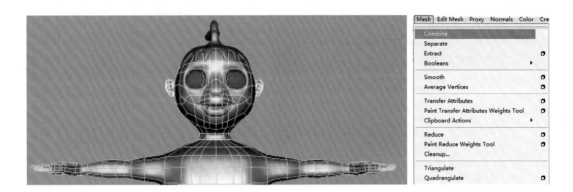

图 2-2-83

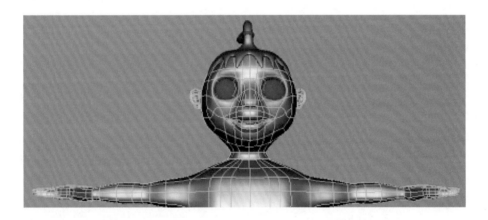

图 2-2-84

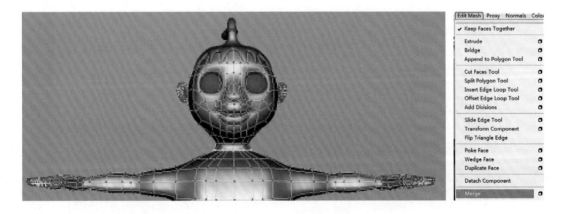

图 2-2-85

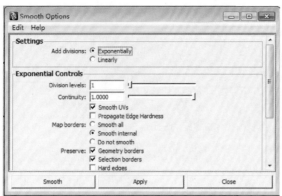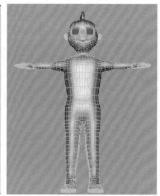

图 2-2-86

六、福娃的服饰制作

由于福娃是一个具有中国传统民族特色的角色,他的服饰造型和细节,一定要体现出中国传统民族特色。下面开始从肚兜的大致造型到腰部的带子、脖子上的带子、再到裤子的造型依次进行深入的制作。

(1) 在前视图创建一个多边形平面,细分高度和宽度都为 5 段,调整出肚兜的大致造型(图 2-2-87)。

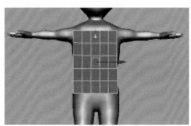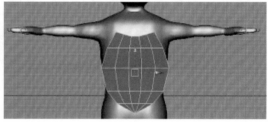

图 2-2-87

(2) 选择调整好肚兜的造型,按"F11 键"切换到面的模式下,执行"Edit Mesh(编辑网格)/Extrude(挤出)"命令,将肚兜挤出一点厚度,并将其调整与身体适合的造型(图 2-2-88)。

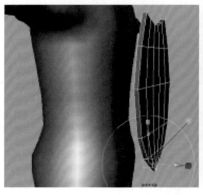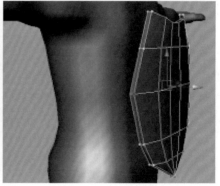

图 2-2-88

（3）在肚兜左右两侧选择合适的位置，按"F11 键"切换到面的模式下，选择要"挤出"腰部带子的面，执行"Edit Mesh（编辑网格）/Extrude（挤出）"命令，一步步"挤出"腰带的造型（图 2-2-89）。

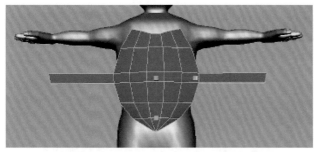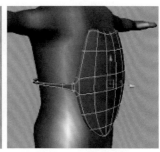

图 2-2-89

（4）在肚兜上部两侧选择合适的位置，按"F11 键"切换到面的模式下，选择要"挤出"系在脖子上的带子的面，执行"Edit Mesh（编辑网格）/Extrude（挤出）"命令，一步步"挤出"系在脖子上的带子的造型（图 2-2-90）。

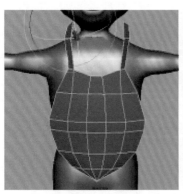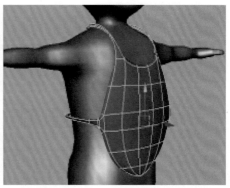

图 2-2-90

（5）在臀部和大腿部位按"F11 键"切换到面的模式，利用选择工具框选要制作短裤的面，执行"Edit Mesh（编辑网格）/Duplicate（复制面）"命令，复制出制作短裤的面（图 2-2-91）。

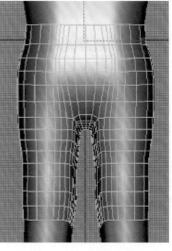

图 2-2-91

（6）利用缩放工具对复制出制作短裤的面进行适当的放大，接着执行"Edit Mesh（编辑网格）/Extrude（挤出）"命令，将短裤"挤出"一定的厚度和长度（图 2-2-92）。

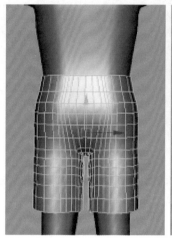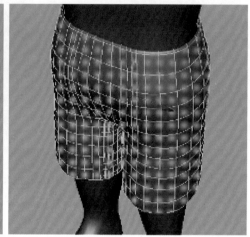

图 2-2-92

（7）按"F9 键"切换到顶点模式，使用移动工具进行调整，按照形体结构塑造出裤子的造型（图2-2-93）。

（8）为了节约硬件资源，使画面流畅，所以动画中的模型面数越少越好，因此在制作的过程中尽量将一些看不见或不重要的线和面删除掉。按"F11 键"切换到面的模式下，将被短裤遮住的部分面删除掉（图 2-2-94），最终效果如图 2-2-95 所示。

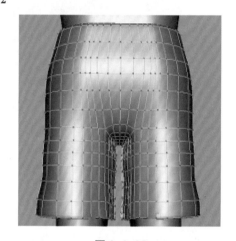

图 2-2-93

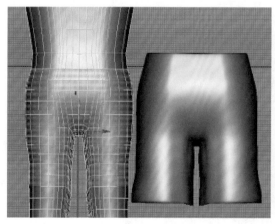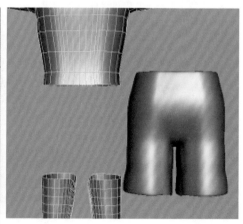

图 2-2-94

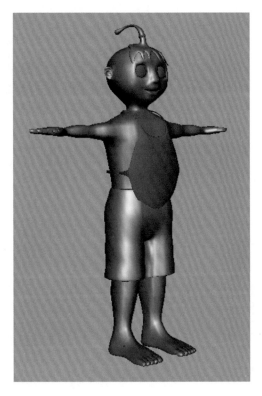

图 2-2-95

第三节　场景设计

任务目标：通过此案例的教学要求学生能够准确地制作自然场景、建筑场景等类型模型；掌握 Maya 中场景模型的基本特征和制作方法。

（1）掌握观察、分析场景模型结构的能力，规划并控制群山与建筑的比例关系。

（2）设置一个用于观察建筑效果的摄像机视角；掌握给这个场景模型分层的方法；制作房屋的主体模型，包括主房屋和侧边的挑楼。

任务介绍：来自于动画片《福娃闯天下》中的场景，这里是该动画片的一部分场景。

任务分析：《福娃闯天下》项目是一部三维系列动画片，有多个建筑场景，同时对建筑风格的要求是卡通化，本书中的小山村属于该项目三维动画化的实验性作品。查看些中国古代山村与古建筑的资料，拓展关于建筑结构和术语的知识面，建立一定的建筑专业基础。进行小山村建模，先进行周边环境布置，再进行小山村规划，然后进行房屋模型制作（制作前，先观察、分析房屋建筑外观构造，再进行制作）。

重点：房屋上所有配件的制作技巧和排列、摆放技巧。

> **难点：** 如何严格把控自然环境与房屋建筑的比例关系（包括房屋配件与房屋主体之间的比例关系）。
>
> **任务实施：** 在动画片中的场景外观很精致，拥有很多细节，边角看上去也很平滑，不过用传统的曲面建模方法比较费时间，现在曲面建模更多被用在高端的电影特效艺术上，而多边形建模技术具有快速、高效的特点，因此在三维动画影片、游戏动画、建筑动画中基本都使用多边形建模技术。

一、场景设计图分析

动画片的主体是动画角色，场景是随着故事情节的展开，围绕在角色周围的所有景物，即角色所处的生活场所、陈设道具、社会环境、自然环境以及历史环境等，都是场景设计的范围，也是场景设计要求完成的设计任务。《福娃闯天下》中的场景表现的地点是小山村，把握住群山、房屋建筑主体的比例关系，是整个制作过程顺利开展的基础。大场景比较复杂，建模要从整体出发，从群山的建模到小山村内外建筑布局建模，再到建筑内部各种陈设道具建模，最终完成整个动画片的场景设计。制作的场景造型风格与人物风格一定要和谐统一。

二、小山村场景建模

场景建模需要具备基本的建筑结构知识、Maya 多边形建模的基础能力，以及对三维空间的基本理解能力。因此，可以通过设置一个固定的摄像机视角能够随时观察房屋的建筑效果，以便进行微调，并给场景分层可以帮助控制场景的各个部分，是模型制作前期的重要步骤。另外注意模型的方向与 x、y 和 z 三个坐标轴的对应关系。

（一）群山的建模

（1）打开 Maya 软件，进入主界面，在充分理解了场景设计的主旨之后，进行群山的建模。创建一个多边形平面，在通道面板设置其宽度、高度各为 50 段，细分宽度和细分高度分别为 40 段（图 2-3-1）。

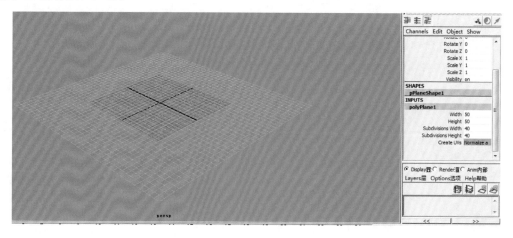

图 2-3-1

（2）按"F4 键"切换到曲面菜单组，执行"Edit Nurbs（编辑 Nurbs）/Sculpt Geometry Tool（雕刻几何体工具）"命令，根据实际需要设置笔刷和雕刻参数，按照绘制的场景造型进行山峰的雕刻，先整体的绘制出大体造型，再进行细部刻画（图 2-3-2、图 2-3-3）。

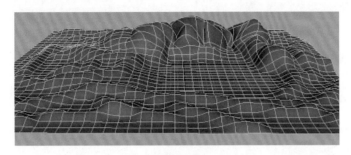

图 2-3-2

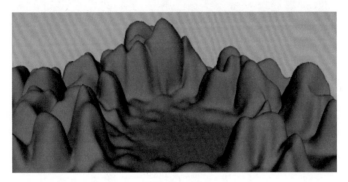

图 2-3-3

（二）小山村外部建筑布局建模

（1）在雕刻好的群山中间找合适位置进行小山村的外围布局与建筑造型的塑造。首先进行小山村门楼的制作，应用多边形立方体调整出单个石头的造型，然后应用"复制"命令，"移动""缩放"工具把石头堆砌出村庄的门楼（图 2-3-4）。采用相同的方法制作出石门的形状（图 2-3-5）。

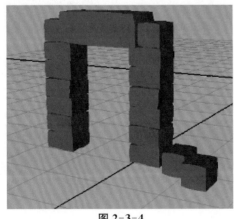

图 2-3-4

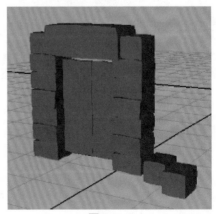

图 2-3-5

（2）对制作好的门楼进行围墙的延伸制作，从而规划出小山村的外围大体造型并制作出来（图2-3-6）。

图 2-3-6

（三）内部建筑布局建模

（1）进行主体建筑物的制作，首先创建一个多边形立方体，再复制一个，并适当缩小，应用布尔命令剪切出房子的内部结构；接着选择房子的上面的面，应用"挤出"命令一步步挤出房顶，并应用缩放工具调整其造型；最后进行大门、房门、门槛等零部件的制作；最终效果如图2-3-7所示。然后对整个小村庄进行大的建筑布局（图2-3-8）。

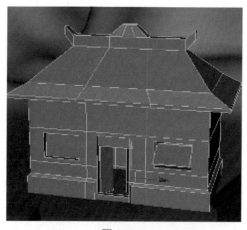

图 2-3-7

图 2-3-8

（2）进行主体建筑物以外的建筑物的制作，建筑物注意依山而建（图2-3-9）。

（四）小村庄内外各种陈设道具建模与布置

（1）制作好的石碾的布置。打开场景文件，执行"File（文件）/Import（导入）"命令，打开导入对话框，选择已经制作好的石碾文件并导入到场景中，放置在场景合适的位置，效果如图2-3-10所示。

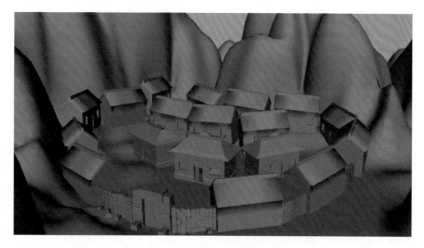

图 2-3-9

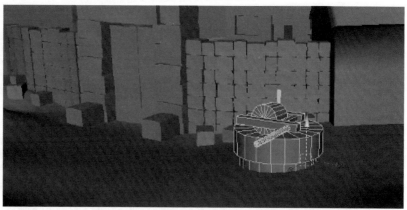

图 2-3-10

（2）村前大树的制作。创建一个多边形立方体，按照大树的生长规律，应用"挤出"等命令制作出大树的造型（图 2-3-11）。

图 2-3-11

（3）场景中的花草树木的添加。执行"Window（窗口）/General Editors（常规编辑器）/Visor（样品库）/Trees（树）"命令，根据具体需要为场景添加一些树木（图 2-3-12、图2-3-13）。

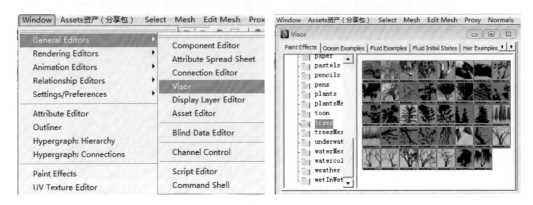

图 2-3-12

图 2-3-13

（五）场景的整体调整

场景的制作完成后，要根据场景的近、中、远景之间的关系进行局部的调整。近景，村庄门楼的进一步刻画；中景，村庄内主体建筑物的刻画与调整；远景，村庄远处的建筑弱化其细节。为了节约资源，模型的面数越少越好，因此在制作的过程中，按"F11 键"切换到面的模式下，尽量将一些看不见或不重要的线和面删除掉。场景的最终效果如图 2-3-14 所示。

对三维空间的理解和把握能力，在制作过程中的一些流程化、规范化操作（如：将物体添加到指定图层，给特定的物体命名，在合适的时候对物体使用"Freeze Transformations（冻结变换）"或"Center Pivot（中心枢轴）"等命令，在制作过程中保留各部件的备份），以及Maya 建模的基本功等，这些能力都是非常重要的。此外，就是需要在平日里多多练习、积累，熟能生巧。相信各位学习者在完成这个场景建筑之后，操作更熟练了。

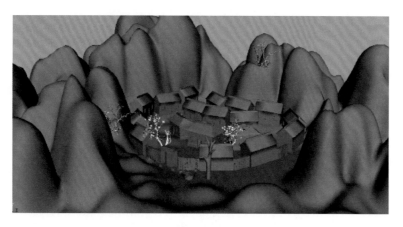

图 2-3-14

课后拓展

（1）根据下面道具设计结合自身的实际情况进行三维建模（图 2-3-15、图 2-3-16），也可以自己设计道具，并进行道具建模。

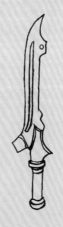

图 2-3-15　　　　　　　　　　图 2-3-16

（2）通过本章第一节的学习，基本上掌握了几何体的组合，根据自己的生活经验，制作一个由各种不同的几何体结合的组合体。

（3）结合本章第二节案例制作一个卡通的小怪物。

要求：① 小怪物的风格为卡通风格；

② 小怪物的类型必须是生物。

（4）根据本章第三节案例提供的资料，结合自身的实际情况，从网络上搜集一些不同风格的场景设计图，包括卡通风格、写实风格等，推荐使用游戏场景设计图来自行练习。在制作建筑场景模型之前一定要观察、分析、构思，确定好场景当中主要建筑的比例和结构，之后才开始制作，这样也能够显著提高工作效率。

第一节 石碾的材质制作

三维动画道具中最重要的部分之一就是材质纹理贴图,纹理使物体与周围环境相关联,也可以增强道具的外观效果和真实感。但要真正实现优秀的材质纹理贴图的制作效果,需要学习者不断地练习,获得更多的技巧与知识,特别是掌握了色彩知识、绘画知识会对材质的制作起到事半功倍的效果。

任务目标:

(1)通过对石碾中碾台、碾砣材质的制作,了解大理石材质制作的要点,学习程序 3D 纹理 Marble(大理石)的基本属性,以及 place3dTexture(3D 纹理坐标)的使用方法,了解凹凸纹理的制作。

(2)通过对石碾中碾框、碾管、碾棍材质的制作,了解利用程序纹理来制作木纹材质的要点,学习程序 3D 纹理 Wood(木头)材质纹理,以及进一步熟悉 place3dTexture(3D 纹理坐标)的使用方法。

任务介绍:该项目是《福娃闯天下》动画片中的道具石碾,根据场景设置要求分别给碾台、碾砣添加石头材质效果;碾框、碾管、碾棍添加木纹材质效果(图 3-1-1)。

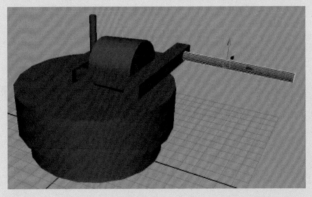

图 3-1-1

任务分析:通过本项目案例的学习,掌握 Hypershade(材质编辑器)的使用与组成;基本材质球及通用属性的设定与调节;常用纹理和贴图的属性及工具节点;利用常用材质球及程序纹理节点完成对石头材质、木纹材质的制作。

重点:掌握对常用材质及程序纹理节点的运用。

难点:木纹材质的制作。

任务实施:

(1)采用 Blinn(布林)材质和 Marble(大理石)纹理来为石碾中碾台制作材质纹理。

(2)采用 Lambert(兰伯特)材质和 Wood(木头)纹理来为石碾中碾框、碾管、碾棍制作材质纹理。

一、石碾的大理石材质制作

观察现实生活中的石头物体,发现石头有高光和反射的特点,因此本案例使用 Blinn(布林)材质,并使用程序 3D 纹理 Marble(大理石)作为纹理贴图,来制作石碾中碾台、碾砣。本案例中有两种不同方向的石头纹理。要使石头纹理一致,不能用同一种材质球,可以把两个材质球分别指定石碾中碾台、碾砣,通过 place3dTexture(3D 纹理坐标)的调节来达到石头纹理统一的效果。

(1)选定碾台模型材质。在"Hypershade(材质编辑器)"窗口中选择创建"Blinn(布林)"材质,按住"Ctrl+左键"双击重命名为"nt",并将材质球指定给石碾中的碾台模型(图 3-1-2)。

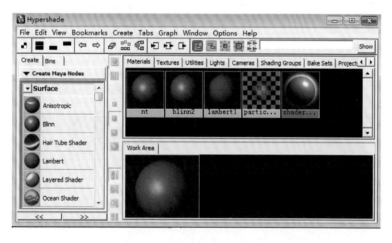

图 3-1-2

(2)选定纹理贴图。在"Hypershade(材质编辑器)"窗口中选择"Marble(大理石)"纹理并创建,选择"Marble(大理石)"纹理,按住中键拖拽到"nt"材质球上,在弹出的面板中选择"Color(颜色)"。这样"nt"材质球的 Color(颜色)属性就被"Marble(大理石)"纹理控制(图 3-1-3)。

(3)调节纹理的属性及纹理坐标。双击"Marble(大理石)"纹理,打开其属性编辑窗口,调节色彩及参数。双击"Marble(大理石)"纹理后面的"place3dTexture(3D 纹理坐标)",打开其属性面板,调整参数如图 3-1-4 所示。

(4)凹凸纹理制作。在"Hypershade(材质编辑器)"窗口中把"Marble(大理石)"纹理按住鼠标的滚轮拖拽到"nt"材质球,在弹出的面板中选择"Bump map(凹凸贴图)",将会自动

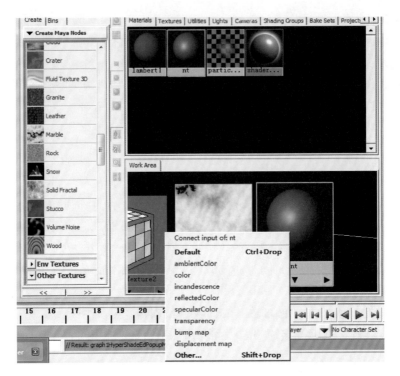

图 3-1-3

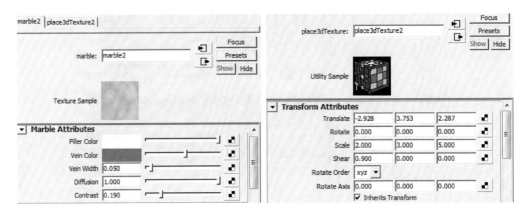

图 3-1-4

创建一个"Bump3d"节点。双击"Bump3d"节点,进入属性设置面板,将"Bump Depth(凹凸深度)"的数值改为"0.2"(图 3-1-5)。

(5) 用以上同样的方法设置出碾砣的纹理效果,单击渲染按钮 █ ,得到如图 3-1-6 所示效果。

二、石碾的木头材质制作

通过观察实际生活中的木材,明确木材在通常情况下的高光很微弱,可以忽略不计。因

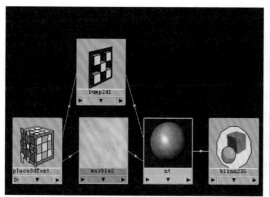
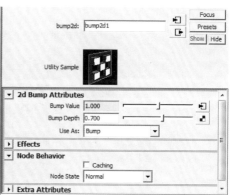

图 3-1-5

此本案例使用 Lambert(兰伯特)材质,并使用程序 3D 纹理 Wood(木头)作为纹理贴图,来制作石碾中碾框、碾管、碾棍的材质。本案例中有几种不同方向的木纹,要使木纹的花纹纹理与碾框外侧、碾框内侧、碾管、碾棍一致,不能用同一种材质球,这里四个材质球分别指定给它们,通过 place3dTexture(3D 纹理坐标)的调节来达到木纹纹理统一的效果。

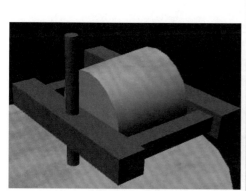

图 3-1-6

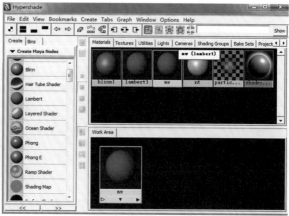

图 3-1-7

（1）指定材质球给碾框外侧模型。在"Hypershade(材质编辑器)"窗口中选择创建"Lambert(兰伯特)"材质,按住"Ctrl＋鼠标左键"双击,重命名为"mw"(图 3-1-7),并将材质球指定给石碾中碾框外侧模型(图 3-1-8)。

（2）指定纹理贴图。在"Hypershade"(材质编辑器)窗口中选择"Wood(木头)"纹理并创建,选择"Wood(木头)"纹理,按住中键拖拽到"mw"材质球上,在弹出的面板中选择"Color(颜色)"。这样"mw"材质球的"Color(颜色)"属性就被"Wood(木

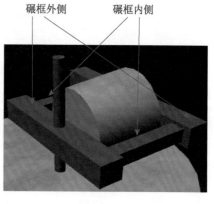

图 3-1-8

头）"纹理控制（图 3-1-9）。

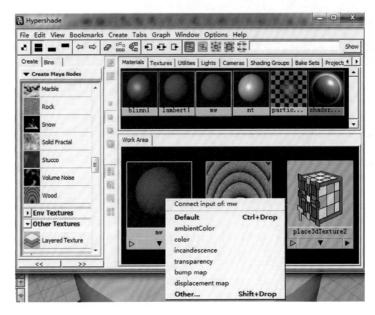

图 3-1-9

（3）调节纹理属性及纹理坐标。在"Hypershade（材质编辑器）"窗口中双击"Wood（木头）"纹理，打开其属性编辑窗口，调节色彩及参数。双击"Wood（木头）"纹理后面的"place3dTexture（3D 纹理坐标）"，打开其属性面板，调整参数如图 3-1-10 所示。

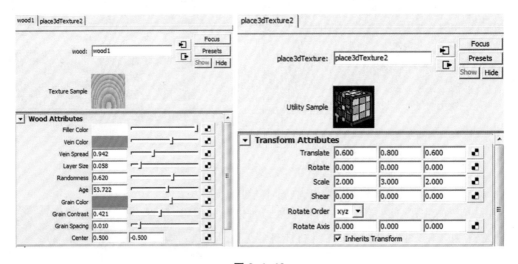

图 3-1-10

（4）凹凸纹理制作。在"Hypershade（材质编辑器）"窗口中把"Wood（木头）"纹理按住中键拖拽到"mw"材质球，在弹出的面板中选择"Bump Map（凹凸贴图）"，将会自动创建一个"Bump3d"节点。双击"Bump3d"节点，进入属性设置面板，将"Bump Depth（凹凸深度）"改为"0.5"（图 3-1-11）。

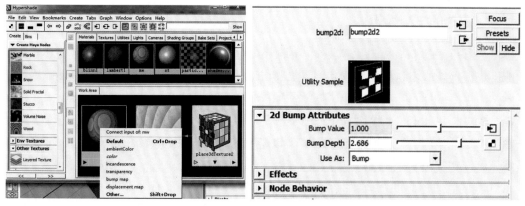

图 3-1-11

（5）使用与制作碾框外侧模型材质同样的方法设置出碾框内侧、碾管、碾棍的纹理效果，单击渲染按钮，效果如图 3-1-12 所示。

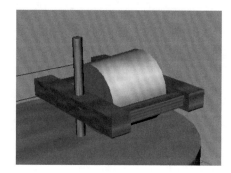

图 3-1-12

第二节　福娃的材质制作

任务目标：能够根据角色模型结构熟练对福娃的模型进行 UV 的拆分；能够运用 Photoshop 等图形图像软件完成贴图的绘制。

（1）将福娃模型进行 UV 拆分编辑，并导出编辑好的 UV 快照。

（2）制作角色皮肤贴图、眼球材质贴图及服饰材质贴图。

任务介绍：该项目是《福娃闯天下》动画片中的主要角色福娃材质贴图的制作，首先在了解和掌握 UV 的原理及分配规律和方法的基础上，对福娃模型进行 UV 编辑与分配，用调整好的 UV 生成 UV 快照，配合后期 Photoshop 等软件绘制材质贴图。

任务分析：本项目是通过将福娃模型进行 UV 编辑，使其更加适合于后期贴图绘制。依据 UV 生成快照，利用 Photoshop 等软件绘制及图像合成的一些功能和命令，进行贴图的整体绘制，并注意材质细节的刻画与色彩的协调。

重点：掌握 UV 编辑的方法与技巧、贴图的绘制。

难点：材质贴图绘制的方法、皮肤材质以及眼球的材质贴图的制作。

任务实施：本案例中福娃的材质制作由福娃的 UV 编辑、福娃的材质贴图绘制两个部分组成，下面将分别进行任务的实施。

一、福娃的 UV 编辑

多边形模型的 UV 编辑比较复杂,在展开角色模型 UV 需要清楚地认识到怎样分 UV 才能更快捷地绘制出材质贴图,要有目的、有计划地进行 UV 的编辑。根据编辑好 UV 绘制材质贴图也是一件不容易的事,要注意材质的细节表现与角色性格特点的吻合。可以利用 UV 调整软件 Unfold3D 调整福娃模型的 UV。也可以通过对福娃模型的 UV 进行映射,将分散的 UV 块编辑、整合成更合理的 UV,以避免出现 UV 的重叠、拉伸、比例不均的现象,最终导出完整的 UV 快照。

Maya 自身的 UV 编辑器对于复杂模型的 UV 编辑可能没有专业的 UV 编辑软件效率高,所以对于一些比较复杂的模型,可以利用一些专业的 UV 编辑软件与 Maya 自身的 UV 编辑器结合起来进行 UV 的编辑。Unfold3D 是一款能在数秒内自动分配好 UV 的智能化软件,它不依赖传统的几种几何体包裹方式,通过计算自动分配理想的 UV,是一个自动、快速、精准的 UV 映射处理工具,它是可以轻松解开网布的工具,只需要对网布进行拖拽,就可以立即实现 UV 映射。

多边形模型需要根据其模型的自身特点,展开 UV 的方式,项目中需要对福娃进行 UV 编辑,UV 编辑是为了让贴图纹理投射在模型上时不会出现拉伸的现象。这是进行福娃材质制作最为关键的一步。

本案例中的角色福娃是由多个 Polygon 物体构成的模型,它主要分为身体和服饰两个部分。分别对其进行 UV 编辑。

在 Maya 中选择需要展开 UV 的模型,这里以头部为例,将其导出为"obj"格式的文件。导出之前需要在"Wingdow(窗口)"菜单下面选择"Settings(设置)/Preferences(参数)"打开"Plug-in Manager(插件管理器)"面板,找到"objExport. mll",将后面的"Loaded"与"Auto load"勾选上(图 3-2-1)。

图 3-2-1

（1）打开 Unfold3D 软件，在"Files（文件）"菜单下面选择"Load（读取）"命令，载入从 Maya 中导出的"fwtb. obj"文件（图 3-2-2）。

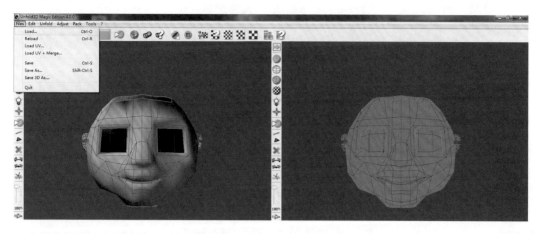

图 3-2-2

（2）对载入的模型需要被切割的部位进行选择，选择时需按住键盘的"Shift 键"，使用鼠标左键点击需要切割的结构线，福娃头部原本深蓝色的结构线就变成了高亮线（图 3-2-3）。

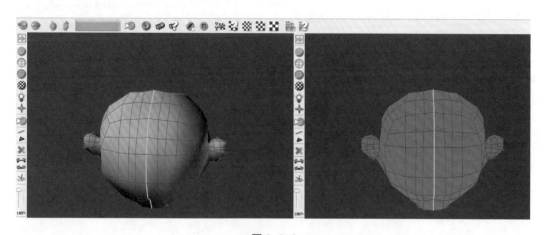

图 3-2-3

（3）从福娃脖子的侧面到脸部至头顶选择需要切割的结构线，在软件的工具栏中，选择"Cut Mesh（切割面）"工具，点击切割。将模型进行切割后，被选中的结构线则会变成橙黄色，这说明模型的 UV 被切开了，橙色结构线就是模型各块 UV 的边缘线。

（4）在工具栏中点击"Automatic Unfolding（自动展开 UV）"工具。如果整个模型的 UV 被切开了，就能在软件右侧的窗口看到自动展开的结果（图 3-2-4）。

（5）将模型保存后，在原来的"fwtb. obj"文件位置自动新建了一个"fwtb_unfold3d. obj"文件，里面保存了模型与展开 UV 的信息。

（6）回到 Maya 的场景中，将原来的模型删除，重新导入"fwtb_unfold3d. obj"文件，选择模型，打开"UV 编辑器"，则可以看到所有被编辑好的 UV（图 3-2-5）。

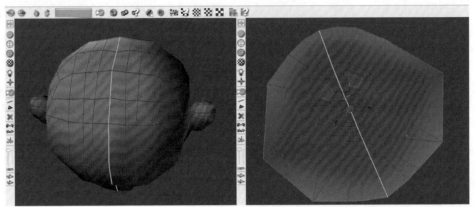

图 3-2-4

(7) 按照上面的步骤,将福娃身体其他部位的模型和服饰利用 Unfold3D 软件依次展开,导入到 Maya 里面。打开 UV 编辑器,对 UV 进行编辑调整(图 3-2-6)。

(8) 在 UV 编辑器里,将调整好 UV 输出为快照图片。将图像的长、宽尺寸都设置为"1024 像素",图像格式设置为"png"或"tif"格式,这样可以提高整个图像的清晰度,因为后面要按照 UV 图来绘制身体的皮肤贴图。UV 快照图片效果如图 3-2-7 右图所示。

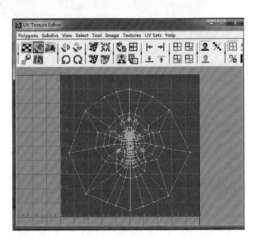

图 3-2-5

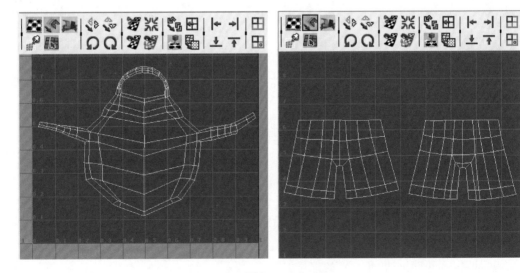

图 3-2-6

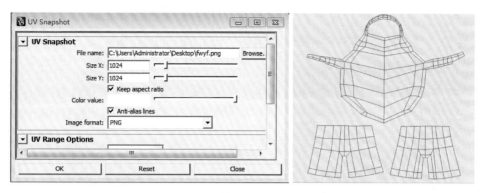

图 3-2-7

Unfold3D 软件自动展开 UV 的功能虽然很强大,但局部也会存在一些问题,还需要在 Maya 软件的"UV 编辑器"中再进行 UV 的调整。

二、福娃的材质贴图绘制

在各种实现真实皮肤质感的方法中,Painter 软件无疑是最好的选择,它是数码素描与绘画工具的终极选择,拥有全面和逼真的仿自然画笔。材质贴图绘制比较好的方法就是使用画笔工具在 Painter 进行贴图绘制,这样的效果比较动漫化。

(一)福娃的皮肤贴图绘制

(1)打开 Painter 软件,新建一个"1024 像素×1024 像素"的文档,命名为"fwtt"。打开"fwttUV. png"贴图文件,拖拽到 fwtt 生成一个新的图层,调整到合适的位置(图 3-2-8)。

(2)在 Painter 软件中利用油性蜡笔 , 调整画笔绘制皮肤大体颜色(图 3-2-9)。略调深油性蜡笔颜色,将眼窝、眼睛内轮廓下、鼻梁部位略微加深,修改如图 3-2-10 所示。接着绘制嘴唇,然后将脸部加一些腮红(图 3-2-11)。

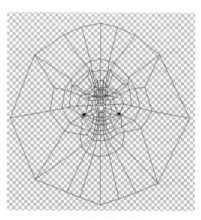

图 3-2-8

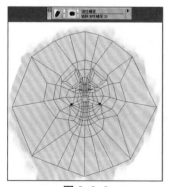

图 3-2-9

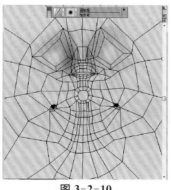

图 3-2-10

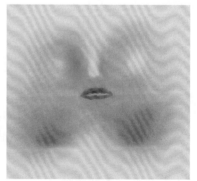

图 3-2-11

（3）对绘制好的皮肤贴图在 Photoshop 软件使用"去色""亮度/对比度"等命令,将贴图变为灰度图像,以方便后面使用这张灰度图像控制皮肤材质的高光与凹凸属性(图 3-2-12)。

（二）福娃的眼睛贴图绘制

（1）打开 Painter 软件,新建一个"600 像素×600 像素"的文档,命名为"yqtt"。打开"yanjing. png"贴图文件,拖拽到"yqtt"生成一个新的图层,调整到合适的位置(图 3-2-13)。

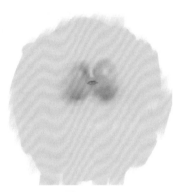
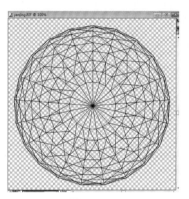

| 图 3-2-12 | 图 3-2-13 |

（2）在 Painter 软件中利用油性蜡笔，调整画笔绘制眼球的大体颜色。调深油性蜡笔颜色,开始绘制瞳孔部分(图 3-2-14)。

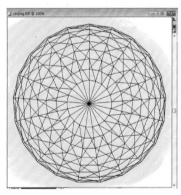
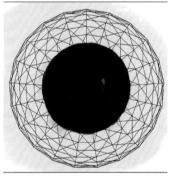

图 3-2-14

（3）将绘制好的眼球贴图,在 Photoshop 中使用"去色""亮度/对比度"等命令,将贴图变为灰度图像,以方便后面使用这张灰度图像控制眼球材质的高光与凹凸属性(图 3-2-15)。

（三）福娃的服饰贴图绘制

（1）打开 Painter 软件,新建一个"1024 像素×1024 像素"的文档,命名为"fstt"。打开"fwyf. png"贴图文件,拖拽到"fstt"生成一个新的图层,调整到合适的位置(图 3-2-16)。

图 3-2-15

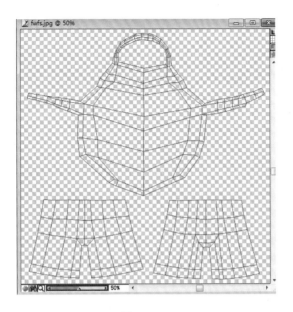

图 3-2-16

（2）利用油性蜡笔 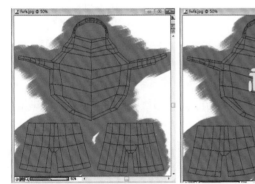，调整画笔绘制服饰的大体颜色。然后导出 png 格式图片，在 Photoshop 里打开处理好的"福"字文件"福. png"，调整位置与大小如图 3-2-17 所示。

图 3-2-17

（3）将绘制好的服饰贴图在 Photoshop 中使用"去色""亮度/对比度"等命令，将贴图变为灰度图像，以方便后面使用这张灰度图像控制服饰材质的高光与凹凸属性(图 3-2-18)。

图 3-2-18

第三节　小山村的材质制作

任务目标:能够根据角色模型结构熟练对福娃的模型进行 UV 的拆分;能够运用 Photoshop 等图形图像软件完成贴图的绘制。

(1) 将主场景小山村模型进行 UV 拆分编辑,并导出编辑好的 UV 快照。

(2) 制作房子材质贴图、群山材质贴图等场景材质贴图。

任务介绍:该项目是《福娃闯天下》动画片中的主场景小山村材质贴图的制作,首先在了解和掌握 UV 的原理及分配规律和方法的基础上,对小山村模型进行 UV 编辑与分配,用调整好的 UV 生成 UV 快照,配合后期 Photoshop 等软件绘制材质贴图。

任务分析:本项目是通过将主场景小山村模型进行 UV 编辑,使其更加适合于后期贴图绘制。依据 UV 生成快照,利用 Photoshop 等软件绘制及执行图像合成的一些命令,进行贴图的整体绘制,并注意材质细节的刻画与色彩的协调。利用 Painter 绘画大师绘制贴图,能更好地表现场景物体的质感。

重点:掌握 UV 编辑的方法与技巧。

难点:利用绘图软件进行材质贴图绘制的方法。

任务实施:本案例中,主场景的小山村是由多个 Polygon 物体构成的模型,它主要分为房屋建筑和群山两个部分,下面将分别对其进行 UV 编辑和材质贴图绘制。

一、场景的 UV 编辑

通过对主场景小山村模型的 UV 进行映射,将分散的 UV 块编辑、整合成新的 UV 块,更合理地分配 UV。多边形模型需要根据其模型的自身特点,展开 UV 的方式,项目中需要对主场景小山村进行 UV 编辑,UV 编辑的目的是让贴图纹理投射在模型上时不会出现拉伸的现象。这是进行主场景小山村材质制作最为关键的一步。

(一) 房屋建筑的 UV 编辑

(1) 打开小山村文件"xsc. mb",选择场景中的房子模型,打开"Create UVs(创建 UV)"菜单,执行"Automatic Mapping(自动贴图)"命令。

(2) 选择"Edit UVs(编辑 UV)"菜单,打开"UV Texture Editor(UV 纹理编辑器)"。会发现小山村模型的 UV 很混乱,拉扯、重叠严重(图 3-3-1)。

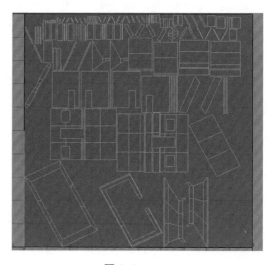

图 3-3-1

（3）为了进一步观察模型的 UV 效果，可以给模型指定一个"Lambert（兰伯特）"材质球，在其"Color(颜色)"中添加一个"Checket（棋盘格）"纹理；双击纹理图标，在属性面板调整"Checker"纹理的二维坐标的"Repeat UV（UV 重复值）"都为"10"（图 3-3-2）。按快捷键"6"，在透视图观察棋盘格纹理，可以看到 UV 在房子模型上分布得并不均匀，拉扯现象严重（图 3-3-3）。

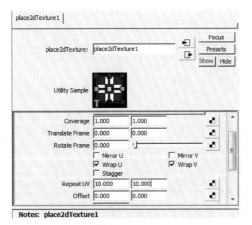

图 3-3-2

图 3-3-3

（4）按"F11"切换到面的模式，选择房顶正前面的面，执行"Create UVs（创建 UV）/Planer Mapping（平面贴图）"命令，打开其属性面板，选择"Best Plane（最佳平面）"，并拖动映射手柄的蓝色滑块，将棋盘格整体进行缩放，调整投射平面的大小，使房顶正面的棋盘格与其他部分棋盘格大小一致（图 3-3-4）。

（5）用同样的方法，选择房子其他部位，并使房子各个部分的棋盘格分布均匀、大小一致（图 3-3-5）。

图 3-3-4

图 3-3-5

（6）将房子切换到面的模式下，选中房顶正面的面，在"UV 编辑器"里分割房顶正面的UV，并调整其 UV 分布。然后依次对房子其他面进行 UV 的分割、调整，使其分布均匀（图3-3-6）。

（7）最后将编辑调整好的房子 UV，按照合适的比例统一缩放并置于"UV Texture Editor（UV 纹理编辑器）"窗口的纹理贴图窗口内（图 3-3-7）。

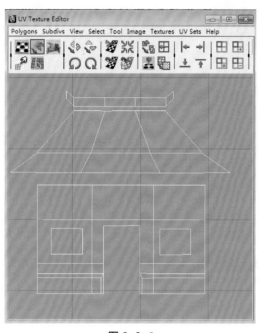

图 3-3-6

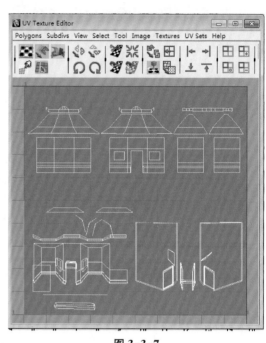

图 3-3-7

（8）选择房子编辑好的所有 UV 点，执行"Polygons（多边形）/UV Snapshot（UV 快照）"命令，或执行"Subdivs（细分）/UV Snapshot（UV 快照）"命令如图 3-3-8 所示，设置好参数，点击下面的"OK"按钮将房子的 UV 导出。

"UV Snapshot（UV 快照）"中如果勾选了"Keep aspect ratio（保留纵横比）"，"SizeX"输入的数值大小和"SizeY"就是一个关联关系，也就是不管调整"SizeX"还是"SizeY"的数值，另外一个数值也会发生相应的变化。一般设置为 1024～2048 像素。

输出的"Image format（图像格式）"通常选择带有通道的"PNG"或"TIFF"格式，可以保持背景层与 UV 的独立，便于导出后贴图的绘制。

UV 快照保存路径和名称都需采用英文字母，否则会造成 UV 快照无法合成图片的现象。

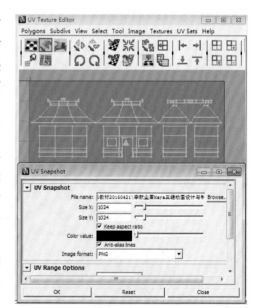

图 3-3-8

（二）群山的 UV 编辑

（1）打开小山村文件"xsc. mb"，选择场景中的群山模型，打开"Create UVs（创建 UV）"菜单,执行"Spherical Mapping(球形贴图)"命令,并拖动滑块将模型包裹360°。点击"映射操纵手柄",通过调整 UV 操纵手柄的缩放,调整映射效果,以达到 UV 比例准确(图 3-3-9)。

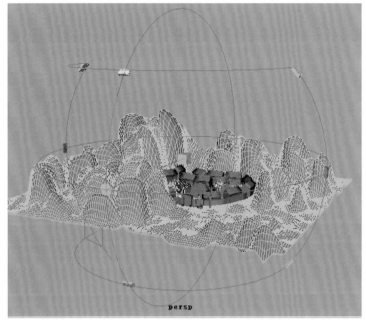

图 3-3-9

(2) 选择"Edit UVs(编辑 UV)菜单",打开"UV Texture Editor(UV 纹理编辑器)",会发现群山模型有一些的 UV 拉扯现象(图 3-3-10),这就需要对 UV 进一步编辑。选择"Smooth UV Tool(平滑 UV 工具)"对拉扯的部分进行调整,调整好后利用"Move UV Shell Tool(移动 UV 壳工具)"将群山模型 UV 缩小移动到 UV 编辑区域(图 3-3-11)。

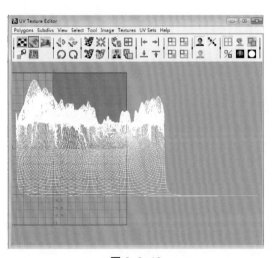

图 3-3-10

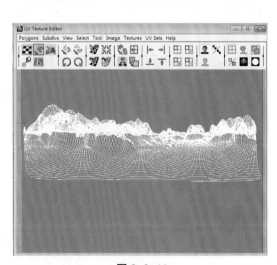

图 3-3-11

(3) 群山的 UV 无需做过多的细节调整和编辑,利用"Move UV Shell Tool(移动 UV 壳工具)"选择编辑好的群山所有 UV 点,执行"Polygons(多边形)/UV Snapshot(UV 快照）"命令或"Subdivs（细分）/UV Snapshot（UV 快照）"命令，如图 3-3-12 所示，设置好参数，点击下面的"OK"按钮将群山的 UV 导出。

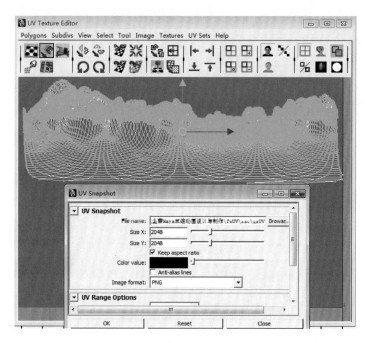

图 3-3-12

UV 贴图需要根据模型造型的实际特点来选择创建 UV 贴图的方式，这样可以避免选择不恰当的 UV 贴图方式，而出现编辑对象的扭曲、拉伸现象所带来的 UV 混乱等麻烦。

二、场景的材质贴图绘制

在各种实现真实材质质感的方法中，比较好的方法就是使用画笔工具在 Painter 或 Photoshop 软件里进行贴图绘制。同时要学会怎样将绘制场景对准到模型的表面。

1. 房子的贴图绘制

（1）打开 Painter 软件，新建一个"1024 像素×1024 像素"的文档，命名为"fzUV"。在 Painter 软件中打开"fzUV.png"贴图文件，将其拖拽到新建的"fzUV"文件工作界面，生成一个新的图层，调整到合适的位置，如图 3-3-13 所示。

（2）在 Painter 软件中利用油性蜡

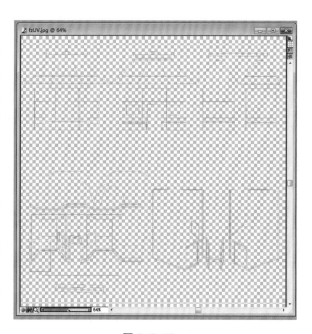

图 3-3-13

笔,调整画笔绘制房子大体颜色。然后在色相环将颜色调深,继续应用油性蜡笔,调整画笔大小,绘制房子砖墙、石墙、瓦片等材质纹理,如图3-3-14 所示。

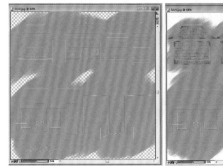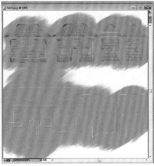

图 3-3-14

（3）将绘制好的房子贴图在 Photoshop 使用"去色""亮度/对比度"等命令,将贴图变为灰度图像,以方便后面使用这张灰度图像控制房子材质的高光与凹凸属性（图 3-3-15）。

图 3-3-15

2. 群山贴图的绘制

（1）打开 Painter 软件,新建一个"2048 像素×2048 像素"的文档,命名为"qsUV"。打开"qsUV. png"贴图文件,拖拽到"qsUV"生成一个新的图层,调整到合适的位置（图3-3-16）。

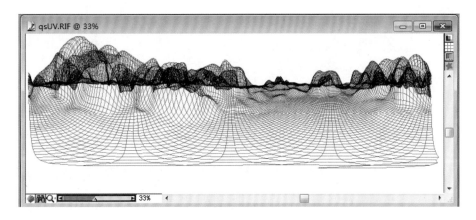

图 3-3-16

（2）在 Painter 软件中利用油性蜡笔,调整画笔绘制群山的大体颜色。调深颜色,开始绘制群山侧面部分（图3-3-17）。

（3）对绘制好的小山贴图在 Photoshop 使用"去色""亮度/对比度"等命令,将贴图变为灰度图像,以方便后面使用这张灰度图像控制小山材质的高光与凹凸属性（图3-3-18）。

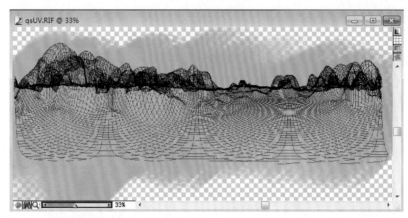

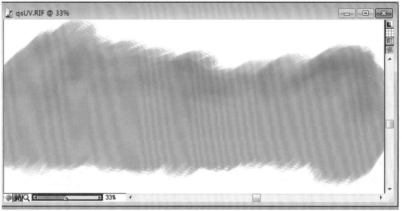

图 3-3-17

图 3-3-18

课 后 拓 展

　　根据本章案例提供的资料,结合自身的实际情况,从网络上搜集一些不同风格的道具模型、角色模型、场景模型,自行进行材质制作练习。

第四章 动 画 篇

第一节　福娃的骨骼系统制作

骨骼系统制作是动画制作中最重要的部分。角色骨骼系统设置是相对固定的,完成福娃项目之后,碰到其他动画角色,就可以套用福娃骨骼系统进行设置,制作起来就会起到事半功倍的效果。

　　任务目标:了解福娃腿部骨骼、身体骨骼、手部骨骼的基本结构;掌握其控制器的制作,通过切换 IK 与 FK 来调节人物动作;了解每个控制器所控制的骨骼;了解角色的骨骼装配的整套流程。

　　任务介绍:本章是《福娃闯天下》动画片中主角福娃的动作设置,根据故事需要为福娃设置骨骼及相关的控制器,通过骨骼和控制器来对福娃动作进行编辑。《福娃闯天下》动画片中主角福娃是在今后动画制作过程中经常要遇到的双足动画角色。通过福娃的制作练习,可以了解到动画角色制作的基本流程。

　　任务分析:在制作福娃腿部骨骼之前,首先要思考哪些点是腿部骨骼的关节点,在制作的时候利用哪些工具才能更好地模拟出福娃全身的动作,人物角色的骨骼绑定出问题会给后面的动画制作造成很大的麻烦。

　　重点:角色骨骼的装配。

　　难点:角色控制器的设定。

　　任务实施:本案例中的角色福娃骨骼装配由腿部骨骼系统制作、身体骨骼系统制作、手部骨骼系统制作三个部分组成,下面将分别进行任务的实施。

一、福娃腿部骨骼系统制作

(一) 福娃腿部骨骼制作

(1) 打开福娃模型,在界面的右上角选择"通道面板",显示"层编辑器",选择"Layers"菜单执行"Create Empty Layer"(图 4-1-1)。双击新建的图层"Layer1",将图层重名为"st"(图 4-1-2)。

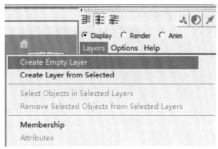

图 4-1-1 　　　　　　　　　　　　　　　　　图 4-1-2

（2）选中福娃模型，在层编辑器中选择"st"图层，按鼠标右键选择"Add Selected Objects"，将选中的模型添加到"st"图层中（图 4-1-3）。

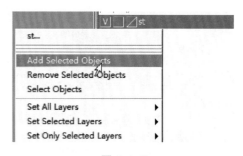

（3）单击"st"图层的第二个方格 ⬛ 使其显示为"T"，将模型设置为不可编辑格式。在这个图层栏中，第一个方格，单击显示"V"即为可视，不显示"V"即为不可视；第二个方格，出现"T"即图层为模板显示并不可编辑，出现"R"即

图 4-1-3

为图层内容不可编辑模式，出现"空格"是可编辑（图 4-1-4）。

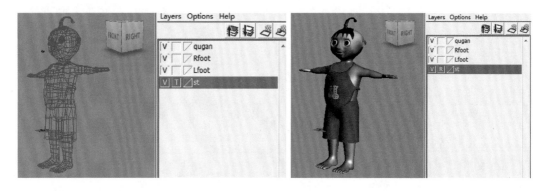

图 4-1-4

（4）在 Side（侧）视图中新建骨骼，并进行编辑，注意此时不要在透视图中进行骨骼编辑，否则会引起骨骼变形与偏移。按"F2"切换到动画菜单，选择"Skeleton（骨架）"菜单下面的"Joint Tool（关节工具）"后面的属性按钮打开其属性面板。

（5）在"Joint Tool（关节工具）"的属性面板进行相关属性设置。骨骼是有方向性的，"xyz"和"None（无）"是常用的两个方向。以"xyz"方式为例，x 轴指向关节延伸的方向，y 和 z 其实没什么意义；同样，"yzx"就是 y 轴指向关节延伸的方向。在这里将"Joint Settins（关节设置）"下打开创建骨骼的方式"Orientation（定向）"，选择"None（无）"。

（6）开始建立腿部骨骼，在大腿的根部区域单击放置根骨架，接着在膝盖、脚踝、脚趾、脚尖部位依次放置骨架，可以看见四个相连的骨骼从大腿根部一直延伸到脚尖，最后按

"Enter 键"结束(图 4-1-5)。

(7) 切换到 front(前)视图,将骨骼移至合适的位置。在 front(前)视图中可以看出,建好的骨骼不能很好地和模型对位。这时需要选择关节,按"D 键",将其移动到合适的位置,完成后再次按"D 键"切换到正常模式(图 4-1-6)。

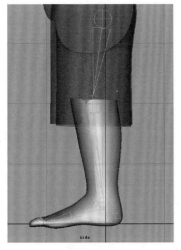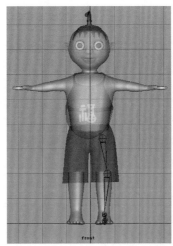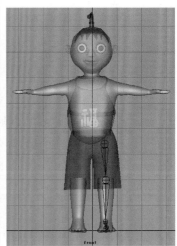

图 4-1-5   图 4-1-6

(8) 在"Window"菜单下的"Outliner"是一个通道栏,在图 4-1-7 里面可以检查已经完成的操作。

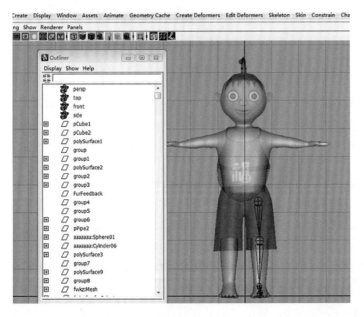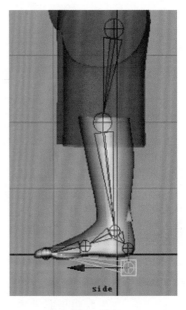

图 4-1-7   图 4-1-8

(9) 在"Outliner"中,找到建立完成的骨骼,双击后为骨骼重新命名,以便于后面操作的进行。命名时一定要使用容易明白并记住的英文字母,这样才不会给后面的操作带来麻烦。

例如：将大腿根部的"Joint1"命名为"L-leg"，膝盖部位的"Joint2"命名为"L-knee"，脚踝部位的"Joint3"命名为"L-jh"，脚趾部位的"Joint4"命名为"L-jz"，脚尖部位的"Joint5"命名为"L-jj"，脚后跟部位的"Joint6"命名为"L-jg"，命名后需要"回车键"确认。

（10）回到 side 视图，建立脚部的反向骨骼，从后脚跟部位开始建立连续的骨骼作为脚部支撑的反向骨骼（图 4-1-8）。回到 front 视图，选择刚刚建立的骨骼，将它们移到合适的位置。

（11）在"Outliner（大纲）"中，找到刚刚建立的反向骨骼，双击骨骼名称重新命名。因为建立的是"Joint1"至"Joint5"的反向骨骼，所以将骨骼重新命名为："Joint7"改为"L-f-base"，"Joint8"改为"L-f-jj"，"Joint9"改为"L-f-jz"，"Joint10"改为"L-f-jh"。

（二）福娃腿部骨骼控制器制作

（1）在 side 视图中，为创建好的骨骼添加 IK 控制器。按"F2 键"切换到动画菜单，选择"Skeleton（骨架）"菜单，点击下拉菜单的"IK Hand Tool（IK 控制手柄工具）"后面的属性按钮打开其属性面板，选择建立大腿到脚踝部位的 IK 为"IKRPsolver"（图 4-1-9）。

（2）点击左边大腿根部关节"L-leg"，再点击脚踝部位关节"L-jh"，就可以创建大腿根部到脚踝关节的 IK。在"Outliner（大纲）"中将建好的 IK 更名为"IKH-L-leg"。继续为骨骼添加 IK，选择"IKSCsolver"，分别为脚踝到脚趾的骨骼，以及脚趾到脚尖的骨骼添加 IK（图 4-1-10）。

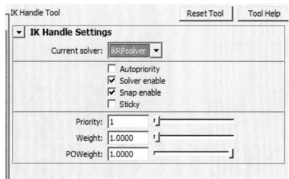

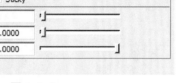

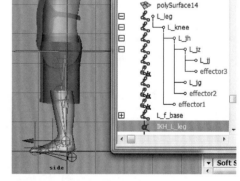

图 4-1-9 图 4-1-10

（3）在"Outliner（大纲）" 中将建好的 IK 分别更名为"IKH-L-jz""IKH-L-jj"。然后为 IK 和反向骨骼建立父子关系。选择"IKH-L-leg"，按"Ctrl 键"加选"L-f-jh"，按键盘上的"P 键"建立父子关系。

（4）使用上面的操作方法为"L-jz""L-jj"骨骼依次加选"L-f-jz""L-f-jj"反向骨骼，分别按"P 键"建立父子关系。

（5）完成左腿骨骼搭建后，选中骨骼将其添加进"Lfoot"图层中。接着制作右腿的骨骼，这里可以通过镜像关节来完成。选择"Skeleton（骨架）"菜单下面的"Mirror Joint（镜像关节）"后的属性进行设置（图 4-1-11）。

（6）打开属性面板修改参数，将镜像的轴向"Across（镜像跨过）"改为"YZ 轴"，在

"Mirror function(镜像功能)"中选择"Orientation",这样可以保持镜像后的 IK 方向不变。完成制作左腿后,使用镜像制作右腿,那么在命名时,要将"R"替换"L",再单击"Mirror"按钮完成镜像(图 4-1-12)。

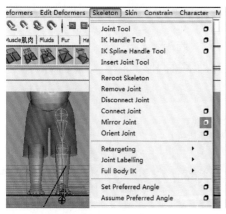

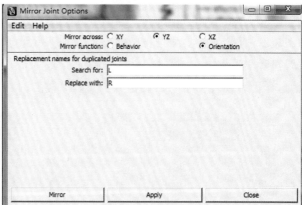

图 4-1-11 图 4-1-12

(7) 镜像完成后,检查右腿的 IK 方向是否正确,再将右腿的 IK 与反向骨骼建立父子关系。完成右腿的制作后,选中添加到"Rfoot"图层中。

(8) 建立好腿部骨骼,开始为膝盖部位创建控制器,在膝盖部位建立圆形控制器,执行"Create(创建)/NURBS Primitives(标准 NURBS)/Circle(圆形)"命令,在视图创建一个圆形。在"Outliner(大纲)"中将控制器更名为"L-con-knee",右键选中向下拖动至最下方,执行"Edit(编辑)/Delete by Type(根据类型删去)/History"命令,删除历史记录(图 4-1-13)。

(9) 在 side(侧)视图中,选中圆形控制器,然后按住"V 键"移动鼠标将控制器的中心点吸附到关节"L-knee"上,选择控制器,向前移动至脚踝部位,点击"Modify"下的"Freeze Transformations",冻结参数。选中控制器,加选脚踝处的 IK。打开"Constrain"菜单下的"Parent"进行父子约束(图 4-1-14)。

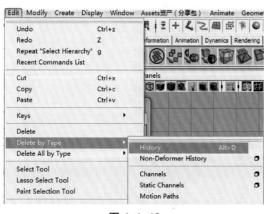

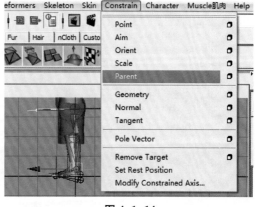

图 4-1-13 图 4-1-14

(10) 接着创建脚部控制器,创建前应先取消交互式曲线,打开"Create(创建)菜单/

NURBS Primitives(标准 NURBS)",将"Interactive Creation(交互创建)"前的"√"去掉(图
4-1-15)。

(11) 打开"Create(创建)/NURBS Primitives(标准 NURBS)",选择"Circle(圆形)",在
视图创建一个圆形,将"Outliner(大纲)"中把圆形命名为"L-control-foot",把圆形移动至其
中一只脚下,按鼠标右键选择"Control Vertex"或按"F9 键"。

(12) 通过调节点,把控制器调整到和脚一样的形状。选控制器上的点时,为了避免误
选骨骼和 IK,可以在工具栏"Show"中把骨骼"Joints"和"IK 的 IK Handles"前面的"√"去
掉,这样可以使视图中的骨骼和 IK 不显示,需要时再把"√"选上就可以了(图 4-1-16)。

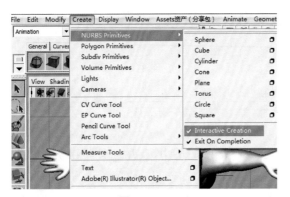
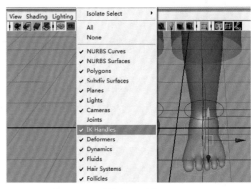

图 4-1-15   图 4-1-16

(13) 调节点完成后,将"L-control-foot"属性冻结,打开"Modify(修改)"菜单下的"Add
Attribute",为控制器添加属性(图 4-1-17)。

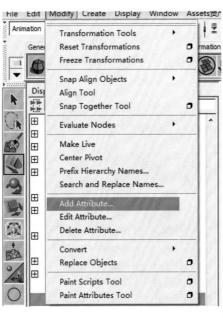

图 4-1-17

(14) 接着设置控制器参数,如图 4-1-18 所示。具体参数:"Long name:jzfol""Data

Type："Float"" "Minimum:-10"
"Maximum:10""Default:0"。

（15）设置完成后，利用脚部控
制器驱动关键帧来控制脚部的三根
骨骼。选择属性"jzfol"，设立驱动
关键帧。打开"Animate"菜单下面的
"Set Driven Key/Set"。

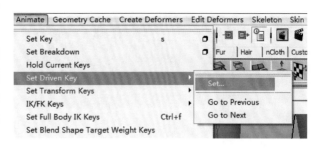

图 4-1-18

（16）选中控制器"L-control-
foot"，在驱动器的下方选择"Load Driver"，将控制器设为驱动，选择前面创建好的脚部反向
骨骼"L-f-base""L-f-jj""L-f-jz"，在驱动器下方选择"Load Driver"，将反向骨骼设置为被驱动
（图 4-1-19）。

（17）在驱动器中，当"jzfol"设置为"0"时，脚不发生变化。点击"L-control-foot"，再点击
"jzfol"，观察右边的属性栏"jzfol"为"0"时的状态（图 4-1-20）。在这个驱动器中，被驱动的
仅仅是"RotateX"，所以设置 3 根骨骼的"RotateX"为 0（图4-1-21）。

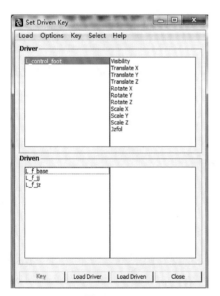

图 4-1-19

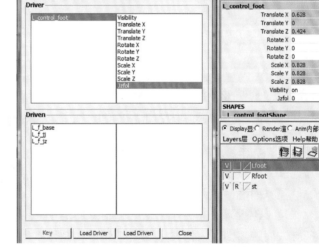

图 4-1-20

（18）然后点"Key"，这样就设置完了第一个关键帧。使用同样的方法，分别设置三根骨
骼的驱动，并分别设置关键帧参数如下：

"jzfol:10   L-f-jz   RotateX:22"

"jzfol:5   L-f-jj   RotateX:0"

"jzfol:10   L-f-jj   RotateX:65"

"jzfol:6   L-f-jz   RotateX:12"

"jzfol:10   L-f-jz   RotateX:-20"

"jzfol:-10   L-f-base   RotateX:-35"

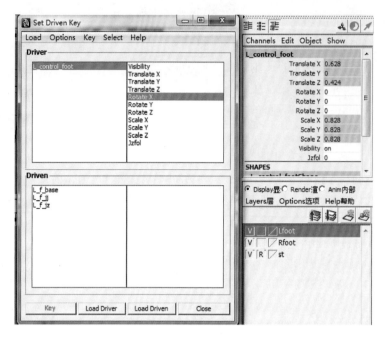

图 4-1-21

（19）驱动完成后，选择脚底的跟关节，加选控制器"L-control-foot"，按"P 键"添加父子关系。

（20）完成左腿驱动关键帧设置后，选中控制器，按"Ctrl＋D 键"再复制一个。在窗口右侧找到属性栏，将"Scale"的参数改为"－1"，移至右脚下，冻结参数，将控制器命名为"R-control-foot"，按照"L-control-foot"的方法，为右脚设置驱动。

二、福娃身体骨骼系统制作

（一）福娃身体骨骼制作

（1）身体运动过程中，脊椎是控制身体运动最为重要的骨骼，脊椎可以控制弯腰、扭腰等动作，而腰部则是人体最重要的枢纽。在制作本动画人物角色福娃的骨骼时，肋骨是不用考虑的，腰部是人物角色上半身和下半身的分界线，这里的控制器非常重要。

（2）在 Side 视图，用"None"方式，单击福娃盆骨部位放置根骨骼，接着沿侧面曲线由盆骨、臀部至脊椎再到脖子，然后到头部创建骨骼，最后按"Enter 键"结束，可以看见创建好的八根连续骨骼（图 4-1-22）。

这八根骨骼就是用来实现身体的脊椎骨作用。在"Outliner（大纲）"中为创建好的骨骼重命名："Jion1"改为"root"，"Jion2"改为"hit"，"Jion3"改为"back_a"，"Jion4"改为"back_b"，"Jion5"改为"back_c"，"Jion6"改为"back_d"，"Jion7"改为"back_neck"，"Jion8"改为"back_head"（图 4-1-23）。

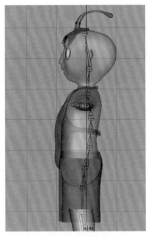

图 4-1-22

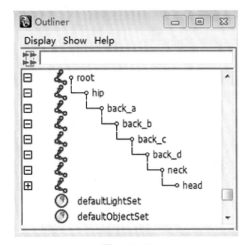

图 4-1-23

(二) 福娃身体骨骼控制器制作

（1）点击"Skeleton（骨架）"菜单，打开下拉菜单"IK Spline Handle Tool（样条线控制手柄工具）"命令后面的属性面板进行设置。选择福娃脊椎部位的关节"back_d"再点击臀部关节"hip"，这样就建立一个从"back_d"到"hip"的 IK，在"Outliner（大纲）"中将它重命名为"IK_H_spine"（图 4-1-24）。打开"Show（显示）"，把骨骼选项"Joints"前面的"√"去掉，隐藏骨骼。

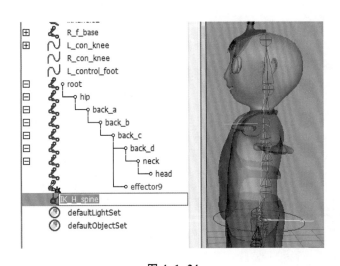

图 4-1-24

（2）选中 IK 曲线，而非 IK 控制柄，点击鼠标右键选择"Control Vertex"或按"F9 键"，使线变成点（图 4-1-25）。

（3）在视图窗口打开 Show 菜单，把"IK Handles（IK 控制柄）"前面的"√"去掉，将 IK 隐藏，这样操作便于选择曲线上的点。选中所有曲线控制点，按"Ctrl＋鼠标右键"，选择"Cluster（簇）"，将所有控制点设置为"簇变形器"（图 4-1-26）。

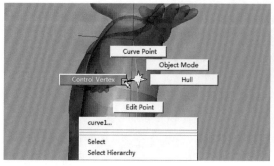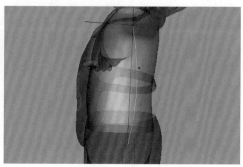

图 4-1-25

（4）在"Outliner（大纲）"中选择 C 簇点"clust1Handle"，按"Ctrl＋A 键"打开其属性面板，在界面右侧找到与之对应的"clust1HandleShape"，这里的"Origin"可以决定 C 簇点的位置（图 4-1-27）。

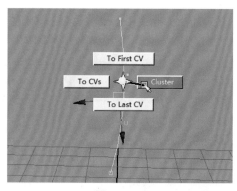

图 4-1-26

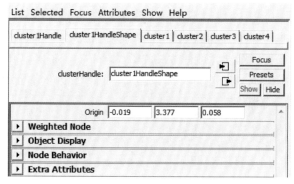

图 4-1-27

（5）将鼠标定位在"Origin"的最后一个方框中，按"Ctrl＋鼠标右键"慢慢移动，设置参数为"－1"，这样就将 C 簇点设定在模型外部。按上述的操作方法，将剩下的三个点也移到模型外部（图 4-1-28）。

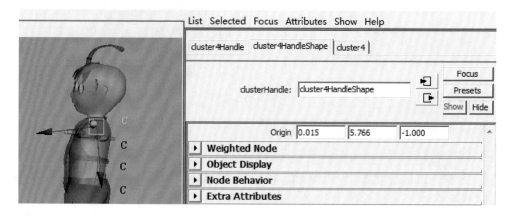

图 4-1-28

(6) 为 C 簇点重新命名。将原"clust1Handle"命名为"clust_hip",原"clust2Handle"命名为"clust_ads",原"clust3Handle"命名为"clust_chest",原"clust4Handle"命名为"clust_neck"(图 4-1-29)。

(7) 选择所有的簇,加选根关节"root",按"P 键"添加父子关系。在 Side(侧)视图中,选择"clust_hip",按键盘上的"D 键",移动鼠标将"clust_neck"的中心点移到"hip"上(如图 4-1-30)。

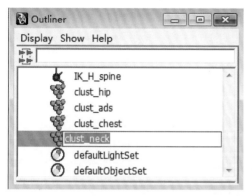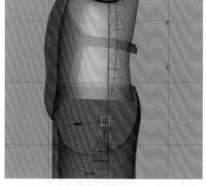

图 4-1-29 图 4-1-30

(8) 重复上面的操作,将"clust_ads"的中心点移到"back_a"上,"clust_chest"的中心点移到"back_c"上,"clust_neck"的中心点移到"neck"上。然后,分别选择大腿的根关节,加选臀部关节"hip",按"P 键"添加父子关系(图 4-1-31)。

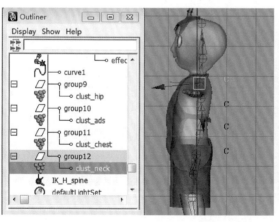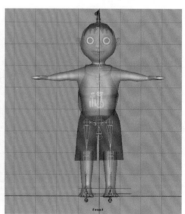

图 4-1-31

(三) 福娃胸部骨骼控制器制作

(1) 用 CV 曲线制作胸部控制器。回到 Persp(透视图),创建一个"box(立方体)",打开"Create(创建)"菜单下面的"CV Curve Tool"的属性设置,工具设置里有个"Curve Degree",它默认的参数是"3",把它改为"1"(图 4-1-32)。

(2) 按"V 键"移动鼠标,将 CV 曲线的第一个点吸附到新建的"box"的棱角上,然后沿着"box"的边再吸附到另外一个棱角上,走的路径可以重复,直到将"box"的 12 条边都建立一遍,按"Enter 键"结束,选择"box"删除,这样就制作完成一个空盒子(图 4-1-33)。将空盒子复制两个,以便后面的操作使用。

(3) 回到 front(前)视图选中建立的空盒子,在"Outliner(大纲)"中命名为"control_Chest",打开"Modify"下拉菜单的"Center Pivot",定位中心点,按"Ctrl+D 键"复制一个盒子备用,按"V 键"将它的中心点位置移到"back_c",调整盒子的形状,使它更贴合福娃模型的胸轮廓(图 4-1-34)。

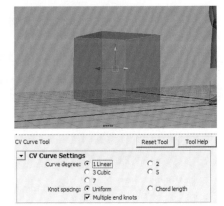

图 4-1-32

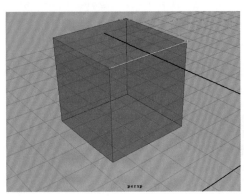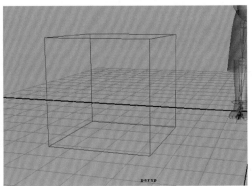

图 4-1-33

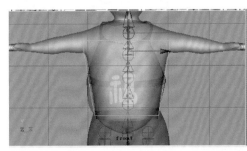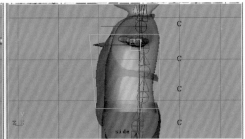

图 4-1-34

(4) 然后制作福娃臀部控制器,将复制的空盒子中心点移至"root",在"Outliner(大纲)"中命名为"control_root",调整盒子的形状使之更贴合臀部轮廓(图 4-1-35)。

(5) 接着建立福娃腰部控制器,像建立脚部控制器一样,创建一个曲线圆,按"V 键"将中心点定位在"back_a",在"Outliner(大纲)"中命名为"control_ads",调整曲线圆大小(图 4-1-36)。

(6) 复制一个曲线圆,按"V 键"将中心点定位在"hip",在"Outliner(大纲)"中命名为

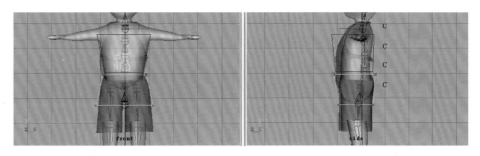

图 4-1-35

"control_hip",在 top 视图中调整控制器的大小及形状,右击选择"Control Vertex",把控制器变成调节点,每隔一个控制点选中,然后缩放控制点,使之成为菱形,然后调整控制器大小(图 4-1-37)。

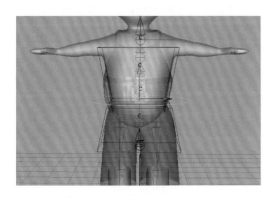

图 4-1-36

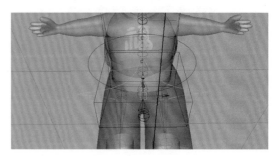

图 4-1-37

(7)回到 side 视图,在关节"neck"后面建立控制器,打开"Create"菜单下的"CV Curve Tool",用 CV 曲线来建立一个四边带有箭头形状的控制器(或用控制器插件创建),将控制器中心点定位在"neck",然后在"Outliner(大纲)"中命名为"control_neck"(图 4-1-38)。

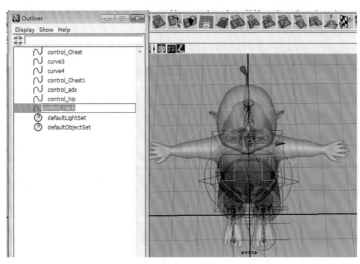

图 4-1-38

（8）分别选择身体上的控制器，在通道单击右键，执行"Freeze"下拉菜单下的"All"将它们全部冻结。将建立完成的控制器分别在 C 簇点进行点约束。选择"control_neck"，加选"clust_neck"，打开"Constrain（约束）"下面的"Point（点）"，建立点约束。

（9）使用上面的方法，选择"control_chest"与"clust_chest"，"control_ads"与"clust_ads"，"control_hip"与"clust_hip"，分别进行点约束。

（10）选择各个控制器，再加选"control_root"，按"P 键"，建立父子关系。继续选择"control_root"，加选关节"root"，打开"Constain（约束）"下面的"Parent（父物体）"，建立父子约束（图 4-1-39）。

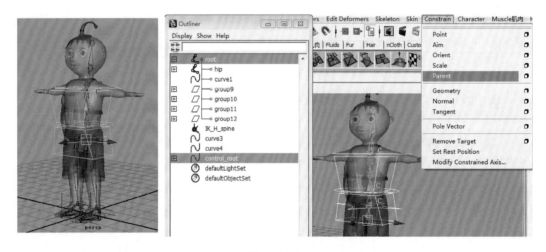

图 4-1-39

（四）福娃头部骨骼控制器制作

（1）打开"Skeleton（骨架）"菜单下面的"IK Hand Tool（IK 控制柄工具）"命令的属性面板，选择建立福娃头部到颈部的 IK 为"IKRPsolver"，点击头部的关节"head"，再点击颈部关节"neck"，这样就建立了一个从"head"到"neck"的 IK，在"Outliner（大纲）"中命名为"IKH_head"。同样的方法，创建"neck"到"back_d"的 IK，命名为"IKH_neck"（图 4-1-40）。

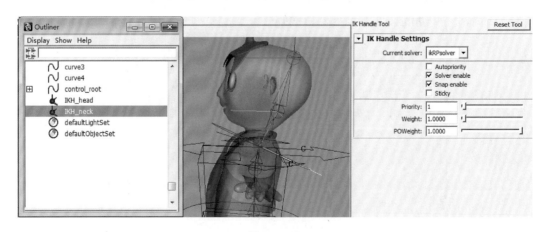

图 4-1-40

（2）建立两个曲线圆，按"V 键"分别将它们吸附到"head"和"neck"关节上，调整大小，旋转 x 轴，让它与头部骨骼形成一定的角度并冻结，删除历史记录，在"Outliner（大纲）"中分别命名为"control_head""control_neck"（图 4-1-41）。

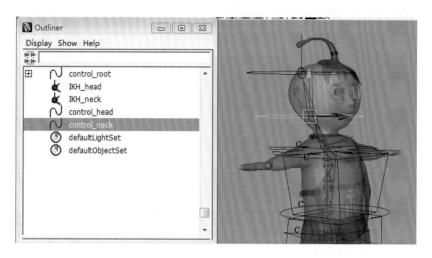

图 4-1-41

（3）选择曲线圆"control_head""control_neck"，分别加选头部控制器"IKH_ head""IKH_neck"，进行点约束。

（4）选择曲线圆"control_head""control_neck"，分别加选骨骼"head""neck"，进行旋转约束（图 4-1-42）。

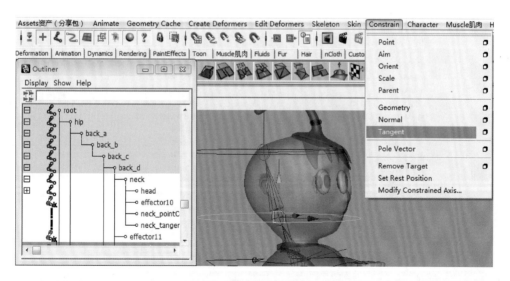

图 4-1-42

（5）选择曲线圆"control_neck"，加选头部脊椎骨"back_d"，按"P 键"建立父子约束。

（6）完成后，使用链接编辑器进行连接，选择"Window（窗口）"菜单下的"General Editors（常规编辑器）"，打开"Connection Editor（连接编辑器）"（图 4-1-43）。

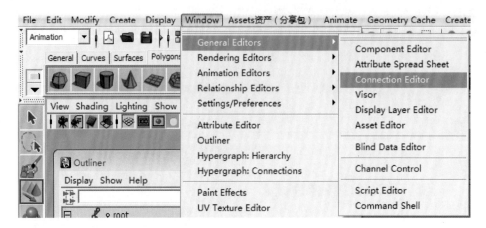

图 4-1-43

（7）打开控制器"control_ neck"面板，单击"Reload Left"按钮，可以在方框中看到控制器的属性。接着选择"IKH_neck"，单击"Reload Right"按钮，可以在方框中看到 IK 的属性（图 4-1-44）。

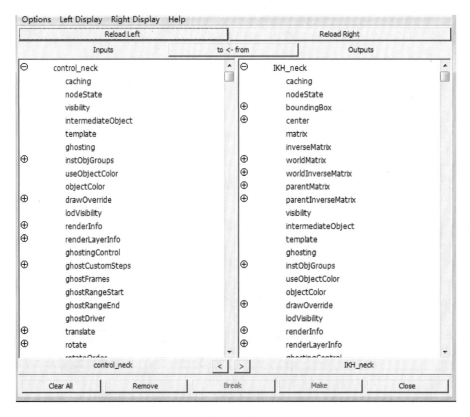

图 4-1-44

（8）先选择右边方框中的"twist"，再选择左边方框中的"rotateY"，可以看到选中的属性字体变成倾斜的，说明连接已经建成（图 4-1-45）。

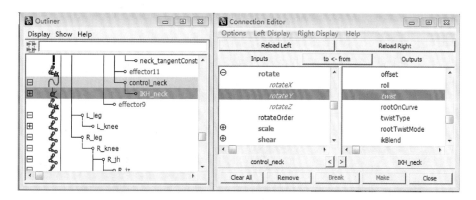

图 4-1-45

三、福娃手部骨骼系统制作

（一）福娃手部骨骼制作

（1）在 front（前）视图，打开"Skeleton（骨架）"菜单，执行"Joint Tool（关节工具）"，鼠标单击福娃肩胛骨部位放置根骨架，接着依次放置肩膀、肘部、肘部到手腕中间、手腕，可以看到四个相连的骨骼从肩胛骨一直延伸到手腕，最后按"Enter 键"结束（图 4-1-46）。

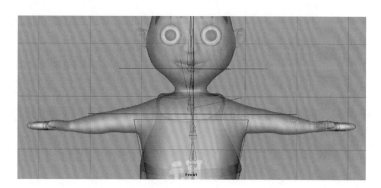

图 4-1-46

（2）切换到 top（顶）是视图调节骨骼的位置。在"Outliner（大纲）"中双击，为关节分别重新命名：肩胛骨部位的骨骼"Join1"命名为"L_cla"，肩膀部位的骨骼"Join2"命名为"L_shoulder"，肘部的骨骼"Join3"命名为"L_elbow"，肘部到手腕中间的骨骼"Join4"命名为"L_torce"，手腕部位的骨骼"Join5"命名为"L_wirst"（图 4-1-47）。

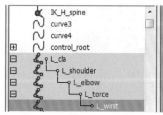

图 4-1-47

（3）为建好的骨骼添加 IK 控制器，打开"Skeleton"菜单，执行"Hand Tool"命令并打开其属性面板，选择建立 IK 为"IKRPsolver"，点击肩胛骨关节"L_cla"，再点击肩膀关节"L_shoulder"，建立一个从肩胛骨到肩膀的 IK（图 4-1-48）。在"Outliner（大纲）"中命名为"L_IKH_cla"。

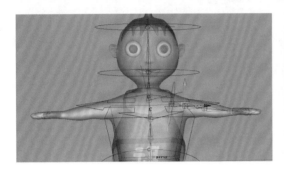
图 4-1-48

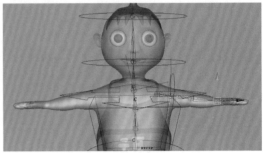
图 4-1-49

（4）点击肩膀关节"L_shoulder"，再点击肘部到手腕中间的骨骼"L_torce"，建立一个从肩膀到肘部再到手腕中间 IK（图 4-1-49）。在"Outliner（大纲）"中命名为"L_IKH_arm"。

（5）修改手臂的 IK，选择"L_torce"，打开"Windoe（窗口）"菜单，选择"Hypergraph：Hierarchy"，在打开的面板中

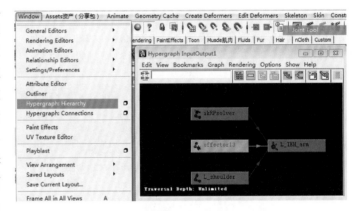
图 4-1-50

选择进入层级，点开"L_IKH_arm"，选择中间的"effector13"（图 4-1-50）。

（6）切换到 front（前）视图，使用"鼠标中键"，按"V 键"将 IK 移动到"L_wist"（图 4-1-51）。

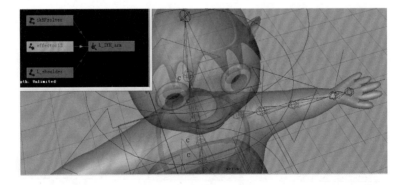
图 4-1-51

（7）选择"L_cla"，再选择"back_d"，按"P 键"建立父子关系。完成后建立手掌中的骨骼，切换到 top（顶）视图，打开"Skeleton（骨架）"菜单，执行"Joint Tool（关节工具）"，从手指根部单击鼠标放置骨架，接着是第一关节、第二关节、指尖关节，可以看到三个相连的骨骼从手指根部一直延伸到指尖，最后按"Enter 键"结束（图 4-1-52）。

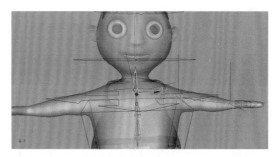

图 4-1-52

（8）切换到 front（前）视图，调节骨骼位置，在"Outliner（大纲）"中双击，为中指关节重新命名：中指关节"joint1"命名为"L_middle_ finger_a"，第一个关节"joint2"命名为"L_ middle_ finger_b"，第二个关节"joint3"命名为"L_ middle _ finger_c"，指尖关节"joint4"命名为"L_ middle _ finger_d"（图 4-1-53）。

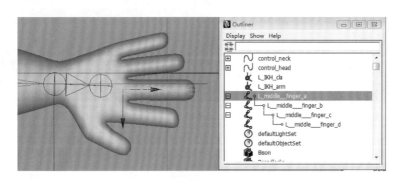

图 4-1-53

（9）使用同样的方法，建立其他手指关节，调节骨骼位置，在"Outliner（大纲）"中重新命名。

食指："L_point_ finger_a, L_ point _ finger_b, L_ point _ finger_c, L_ point _ finger_d"。

无名指："L_wu_ finger_a, L_wu_ finger_b, L_wu_ finger_c, L_wu_ finger_d"。

小指："L_little_finger_a, L_little_finger_b, L_little_finger_c, L_little_finger_d"。

大拇指："L_d_finger_a, L_d_ finger_b, L_d_ finger_c, L_d_ finger_d"。

分别选择四指的根关节，加选手腕关节"L_wrist"，按"P 键"建立父子关系。选中关节"L_wrist"，在工具栏点击图标 ▦ ，再点击图标 ？ ，观察手指关节是否出现偏移（图 4-1-54）。

（10）手指关节出现偏移，则打开"Skeleton"菜单，执行"Orient Joint"命令并打开其属性面板，调整关节方向（图 4-1-55），将手指部分选择"None（无）"。

（11）接着通过镜像复制另外一条手臂。打开"Skeleton"菜单，执行"Mirror Joint"命令并打开其属性面板，将镜像的轴向"Mirror across"改为"YZ轴"，在"Mirror function"中选择"Orientation"，这样可以保持镜像后的 IK 方向不变，因为刚刚制作的是左臂 L，镜像制作右臂，要用 R 替换 L，按"Mirror（镜像）"完成（图 4-1-56）。使用同样的方法修改右臂的 IK

（图 4-1-57）。

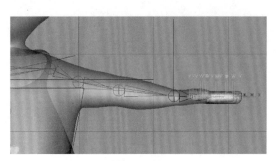

图 4-1-54

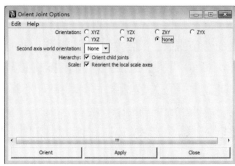

图 4-1-55

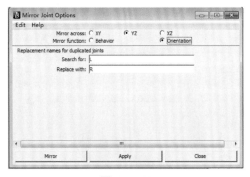

图 4-1-56

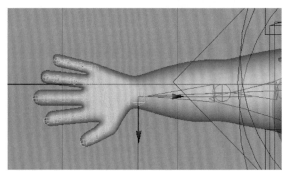

图 4-1-57

（二）福娃手部骨骼控制器制作

（1）在 front（前）视图，为肩膀部位创建控制器，打开"Create（创建）/NURBS Primitives（标准 NURBS）"，选择"Circle（圆形）"，在视图创建一个圆形。

（2）在"Outliner（大纲）"中将控制器更名为"control_L_shoulder"，右键选中创建的圆形向下拖动至最下方，点击"Edit（编辑）"菜单下的"Delete by Type（根据类型删去）/History"，删除历史记录（图 4-1-58）。

（3）在 front（前）视图中，选中圆形控制器，然后按住"V 键"移动鼠标将控制器的中心点吸附到关节"L-shoulder"上，选择控制器，移动至肩

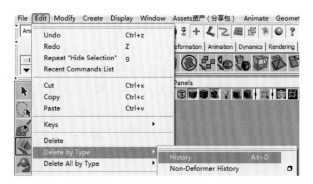

图 4-1-58

部，点击"Modify"菜单下面的"Freeze Transformations（冻结变换）"，冻结参数（图4-1-59）。复制一个控制器，将中心点移到右肩并冻结，在"Outliner（大纲）"中将控制器更名为"control_R_shoulder"（图 4-1-60）。

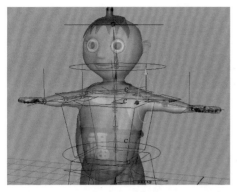 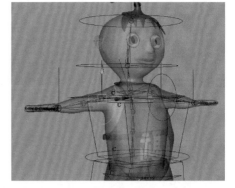

图 4-1-59   图 4-1-60

（4）选择左边手臂到手腕的 IK，按"Ctrl＋G 键"成组，在"Outliner（大纲）"中命名为"group_L_IKH_arm"，并调整组中心点到手腕关节。选择左边手腕到手掌中部的 IK，按"Ctrl＋G 键"成组，在"Outliner（大纲）"中命名为"group_L_IKH_finger"，并调整组中心点到手腕关节（图 4-1-61）。使用同样的方法，将右边 IK 成组，并调整组中心点到手腕关节（图 4-1-62）。

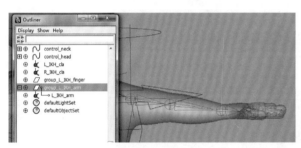 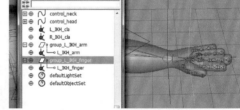

图 4-1-61   图 4-1-62

（5）打开控制器插件，添加一个立方体控制器，也可以根据前面的方法利用 Maya 软件里面的曲线工具直接制作一个立方体控制器，按"D 键"将中心点移动到左手腕关节 L_wrist 上，选择左手腕上的 IK 组，加选"control_L_arm"，进行点约束，并按"P 键"建立父子关系（图 4-1-63～图 4-1-65）。以同样的方法，选择"control_R_arm"，为右边的控制器以及 IK 进行点约束，并建立父子关系。

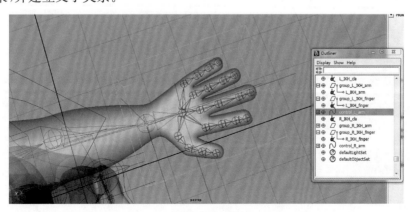

图 4-1-63

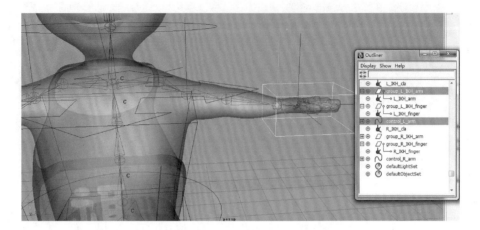

图 4-1-64

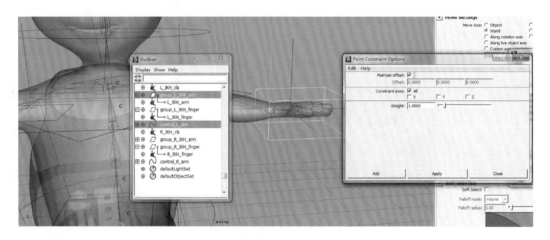

图 4-1-65

（6）选择左手腕到手掌的 IK 组"group_L_IKH_finger"，加选"control_L_arm"，进行点约束，并按"P键"建立父子关系（图 4-1-66、图 4-1-67）。使用同样的方法，选择"group_R_IKH_finger"，为右边的控制器以及 IK 进行点约束，并建立父子关系。

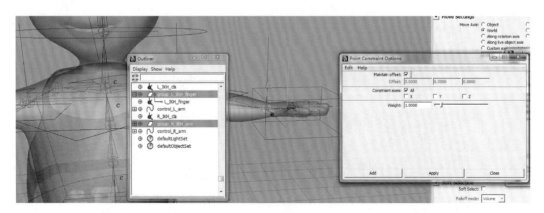

图 4-1-66

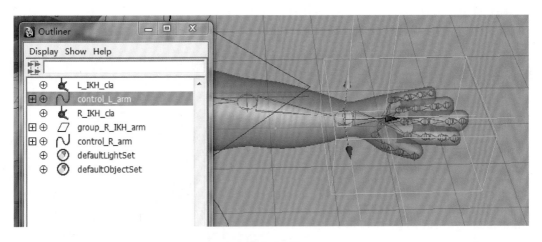

图 4-1-67

(7) 为控制器"control_L_arm"建立 5 个名称"A1"~"A5"。在通道面板菜单中,选择
"Edit(编辑)"菜单下面的"Add Attribute(添加属性)",打开其属性面板,其参数设置如图
4-1-68 所示,依次创建"A1"~"A5"。右臂制作使用同样的方式。

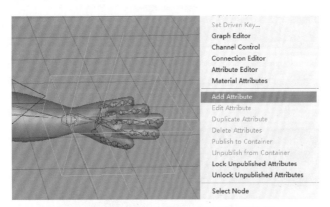

图 4-1-68

（8）选中立方体控制器 A1，指定驱动物体，按"Shift 键"一个个选食指、中指、无名指、小指、大拇指的三节关节，指定为被驱动，选中旋转（R）Z 轴，设置关键帧。接着收食指的第一个关节，旋转，设置关键帧；依次收食指的第二个关节、第三个关节，旋转，设置关键帧。其他手指采用同样的方法设置（图 4-1-69～图 4-1-71）。

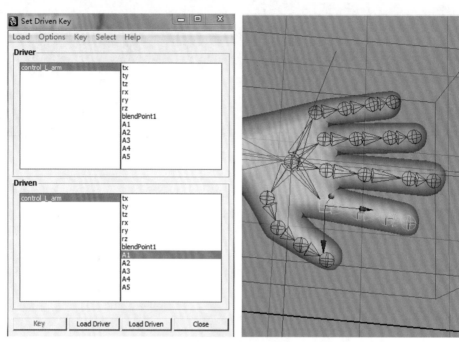

图 4-1-69

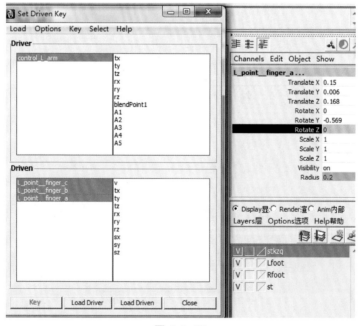

图 4-1-70

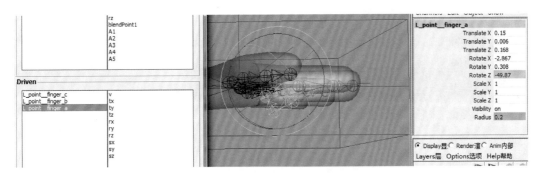

图 4-1-71

四、福娃全身控制器制作

（1）依次对福娃全身控制器执行"Edit（编辑）/Delete by Type/History"命令（图 4-1-72）。

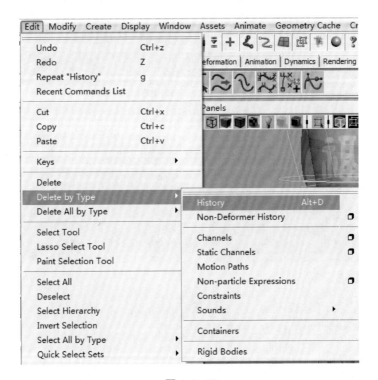

图 4-1-72

（2）选择福娃左脚反向骨骼，按"Shift 键"加选脚部控制器，按"P 键"建立父子关系。选择左脚踝控制器，按"Shift 键"加选左脚部控制器，按"P 键"建立父子关系（图 4-1-73）。采用同样的方法对右脚进行设置（图 4-1-74）。

（3）选择福娃左手腕 IK，按"Shift 键"加选手部控制器，按"P 键"建立父子关系（图 4-1-75）。同样地，选择福娃右手腕 IK，按"Shift 键"加选手部控制器，按"P 键"建立父子关系（图4-1-76）。

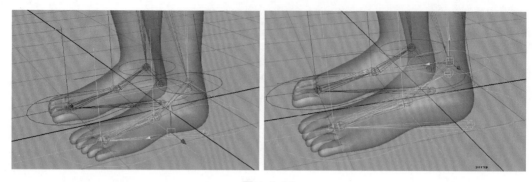

图 4-1-73

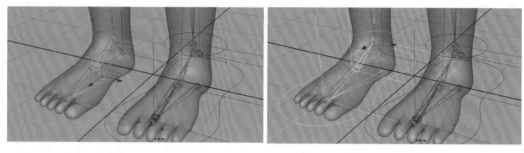

图 4-1-74

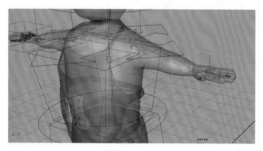
图 4-1-75

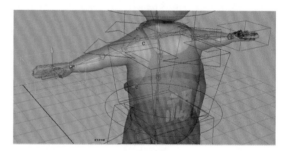
图 4-1-76

（4）创建福娃身体总控制器，在福娃模型脚下建一个曲线圆，调整大小并冻结，在"Outliner(大纲)"中命名为"qs_control"（图 4-1-77）。

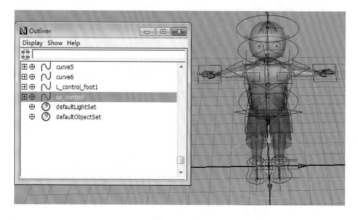

图 4-1-77

（5）在"Outliner(大纲)"中选择所有的控制器，按"Ctrl＋G 键"成组，命名为"con_cur_GRP"，选择全身控制器"qs_control"，加选控制器组"con_cur_GRP"进行父子约束（图 4-1-78）。

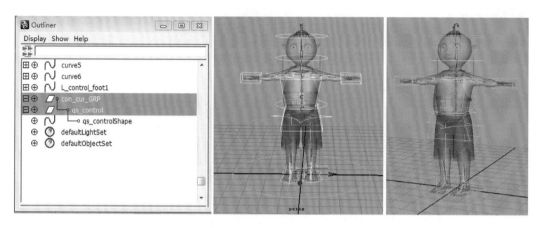

图 4-1-78

（6）检查各个控制器，同时检查不需要的部分。

（7）选择骨骼"root"，加选身体，打开"Skin(蒙皮)"菜单下面的"Bind Skin"进行蒙皮（图 4-1-79）。

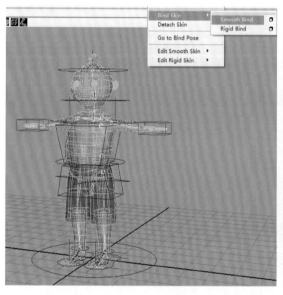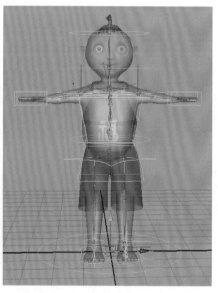

图 4-1-79

（8）完成后，需要为福娃模型刷权重。Maya 的权重是在一根骨骼上增加或减少权重影响，一般刷权重是用 0.2 的数值增加权重。刷权重尽量多用加，少用减，减会把权重分配给其他位置而不能控制。

（9）选中福娃模型，打开"Skin"菜单下面的"Edit Smooth Skin/Point Skin Weights Tool"，可以看见鼠标箭头变成笔刷状，而模型则变成黑白，在打开的面板中可以设置刷权重的属性(图 4-1-80)。

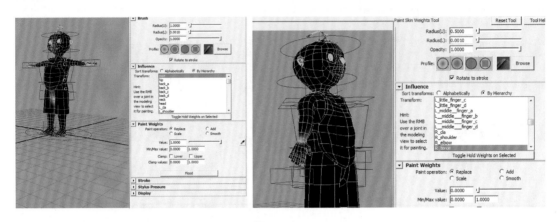

图 4-1-80

"Redius"用来控制笔刷的大小;"Influence"下是模型中所有的骨骼,选择需要刷权重的骨骼,在模型上刷权重;"Value"是权重值;"Replace"是将刷的权重替换为当前的设置;"Add"是在原有的基础上增加"Value"的值。"Scale"是在原有基础上减少"Value"值;"Smooth"是附近的平均值。

在模型中出现黑色的部分对骨骼不影响,而变成白色的部分则对骨骼产生影响。刷权重时,要了解不同的骨骼对身体不同区域的影响大小,了解后就非常方便了。刷完权重后,福娃的骨骼绑定就完成了。

第二节　福娃走路动画制作

任务目标:通过本项目的训练,制作福娃走路动画,并表现出角色的性格特点。前面的项目制作已经完成动画片《福娃闯天下》中主角福娃的骨骼设置。此节的任务将以前面的骨骼设置为基础,制作出一段福娃走路的动画。

任务介绍:福娃走路动画制作是《福娃闯天下》动画片中最关键部分。在本项目中为主角福娃制作一个走路动画,掌握其基本的走路动作设置,并对做完的动画进行修改、润色。通过本项目案例的学习,掌握角色完整的走路动作动画制作。

任务分析:在动画片中,走路、跑步等是一些基本的动作,通过动画角色的这些动作可以表现出一个角色的行为特征或性格特点,以及当时角色所表现的情绪。在制作过程中,动画的运动规律会起到非常重要的作用,角色动作是否顺畅主要取决于制作者对动画运动规律的理解和应用。一般来说,人走完一个完整的步子是25帧,而一个完整的步子就是指第一帧在前的那只脚,那么最后一帧也是那只脚在前,而中间的第13帧,只是与第一帧时手脚的前后次序相反而已。正常情况下,走路的第一帧都是前一只脚的脚后跟着地,后一只脚的脚尖着地。正常的人走路,身体会产生偏移,如着力点在哪只脚,胯部便向那个方向偏移,而肩部恰恰与胯部相反。

重点:把握角色完整的走路动画时间节奏(防止出现滑步现象)。

难点:动画运动规律的应用。

任务实施:本案例中福娃走路的动画制作由福娃走路的动画制作和福娃走路的动画的修正两个部分组成。下面将分别进行任务的实施。

一、福娃走路的动画制作

(1)将装配好的福娃模型导入,在 Maya 界面的右下角选择▥,在打开的属性面板左边的选择栏中选择"Settings(设置)",然后在其下拉菜单中选择"PAL(25fps)",将帧数设置为"25"(图 4-2-1)。

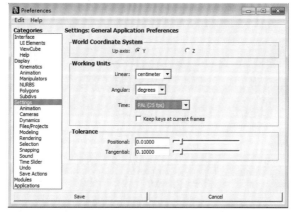

图 4-2-1

(2)将福娃模型调整为准备姿势,选择左腿控制器"L_control_foot",将"ballfol"调为"—5",即脚尖翘起,并向前移动;选择右脚控制器"R_control_foot",将"ballfol"调为"2",即脚跟抬起,并向后移动;调节手臂及手肘处的 FK,将手臂调到合适的位置(图 4-2-2、图 4-2-3)。

图 4-2-2　　　　图 4-2-3　　　　图 4-2-4　　　　图 4-2-5

（3）福娃走路预备姿势完成后，切换到 side 视图进行编辑，选择"Create（创建）"下拉菜单"Polygon Primitives"中的"Cone"，创建一个圆锥。将圆锥移到福娃的一只脚下，复制一个圆锥移到另一只脚下，这样是为了方便丈量两脚之间的距离。然后选中这两个圆锥，复制、移动，形成第三和第四个圆锥，使第三个圆锥和第二个圆锥重合，再复制一次形成第五和第六个圆锥，使第五个圆锥与第三个圆锥重合，这样可以确保走的每步的距离都相同（图 4-2-4）。

（4）将鼠标定在第 1 帧上，按键盘上的"S 键"设置关键帧。开启界面下边时间栏右边的小钥匙，点击一下使其变成红色，开启"自动关键帧"。改变上面设置关键帧的属性，Maya 会自动为属性创建一个关键帧。把时间滑块调到最后一帧，将福娃模型移到后两个圆锥上，可以看见最后一帧上自动生成了关键帧（图 4-2-5）。

（5）移动时间滑块从第一帧到最后一帧，可以看见福娃模型只做了 Z 轴上的位移，并没有出现其他的动作变化。

（6）把帧数调到第 13 帧，可以看见模型自动位移到了中间两个圆锥上，按"S 键"，设置关键帧（图 4-2-6）。

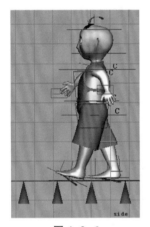
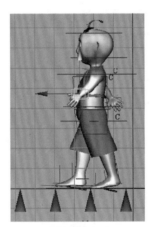
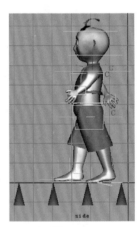

图 4-2-6   图 4-2-7   图 4-2-8

（7）因为前面提到中间的第 13 帧只是与第 1 帧的手脚的前后次序相反，所以只需要更改手脚的前后位置，将左手脚的关键帧复制给右边，把右边手脚的关键帧复制到左边手脚（图 4-2-7）。

（8）但是，在此之前，先要将第 13 帧的关键帧复制粘贴到 12 帧上，这样可以保证第 12 帧、第 13 帧完全一样，再操作后面的复制关键帧，不会因为复制过的属性改变而产生错误。

（9）将时间滑块定位在第 13 帧上，右击选择"Copy"，复制关键帧，然后将时间滑块定位在第 12 帧上，右击选择"Pate"中的"Paste"，粘贴关键帧（图 4-2-8）。

（10）根据人们走路的习惯，总是前一只脚由脚尖翘起变为平放落地，另一只脚由后跟抬起，然后向前迈步，因此在设置第 3 帧时，左脚平放落地，即选择左脚控制器，将"ballfol"改为"0"（图 4-2-9）。

（11）然后 3～13 帧时，左脚没有太大变化，仅仅从平放变为脚后跟微抬，所以不用编辑，而15 帧则是由后脚跟微抬变为后脚跟抬起，即选择左脚控制器调整脚部动态（图 4-2-10）。

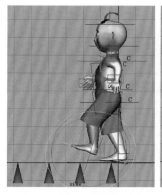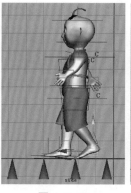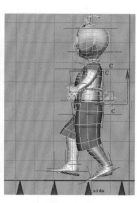

图 4-2-9　　　　　图 4-2-10　　　　　图 4-2-11　　　　　图 4-2-12

　　（12）第 15～25 帧是一个从抬脚到落地的过程，后面再编辑抬脚，先看另一只脚。另一只脚在第 3 帧时，像左脚的第 15 帧，右脚后跟微抬变为后脚跟抬起，所以现在右脚控制器调整脚部动态（图 4-2-11）。

　　（13）然后 3～13 帧时从抬脚到落地的过程同样忽略；再看 13～25 帧的关键帧 15 帧时，像左脚的第 3 帧，由脚尖翘起变为平放落地，即选择右脚控制器调整脚部动态（图 4-2-12）。

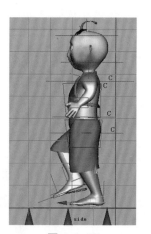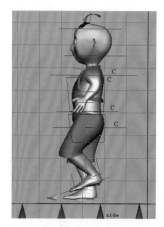

　　（14）下面设置抬脚的关键帧，右脚从第 3 帧的脚后跟抬起到第 13 帧的脚后跟落地，取中间值第 8 帧，选择右脚控制器，向上抬起调整脚部动态，使抬脚这个动作不仅仅是位移，也带有脚步弧度的变化（图 4-2-13）。

　　（15）同上方法，设置左脚抬脚的关键帧，左脚从第 15 帧的脚后跟抬起到第 25 帧的脚后跟落地，取中间值第 20 帧，选择左脚控制器，向上抬起，调整脚部动态（图 4-2-14）。

图 4-2-13　　　　　　图 4-2-14

二、福娃走路的动画修正

　　（1）当完成福娃走路的动画制作，在时间轴上慢慢移动时间滑块，如果发现福娃有些步子出现了"滑步"，也就是本应没有位移，却出现了位移。这时就要用到动画曲线编辑器来做细致的调整了。慢慢移动时间滑块，发现左脚从第 3 帧的平放落地到 13 帧的脚后跟微抬，仅仅是"ballfol"变化，并没有产生位移。

　　（2）接着，选择左脚控制器，打开"Window（窗口）"菜单下面的"Animation Editors"中的"Graph Editor"，在打开的窗口可以看到控制器所有的曲线，第 3 帧到 13 帧所出现的位移是Z 轴上的，所以在打开的面板右侧选择"TranslateZ"，然后选择 13 帧的帧数，可以看见

"TranslateZ"的曲线趋势,选择 ▬ 图标,将 ▬ 变为 ▬,如图 4-2-15 所示。

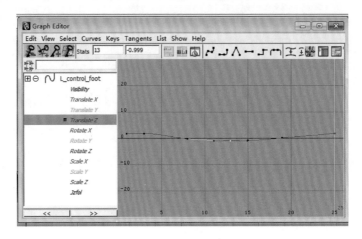

图 4-2-15

(3)使用相同的操作,找到出现滑步的地方,选择 ▬ ,将 ▬ 变为 ▬ 。

(4)移动时间滑块检查动画,确认无滑步后,开始制作福娃身体动画。福娃身体会因为走路而产生偏移,一般是左脚在前,那么左边的臀部比右边的臀部略高,而肩膀则与臀部的显示方向相反;而换脚后,身体也随之发生变化(图 4-2-16)。

(5)在福娃模型中,运动到第 13 帧时,身体的运动弧度发生变化,即与第 2 帧和第 13 帧相反。选择腰部的控制器,在动画曲线编辑器中可以看见控制器的所有曲线,选择"TranslateX",框选第 13 的关键帧,将它的属性值改为与第 1 帧相反,便可以看见直线变为弧线(图 4-2-17)。

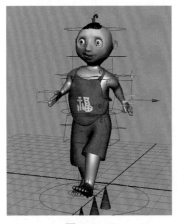

图 4-2-16

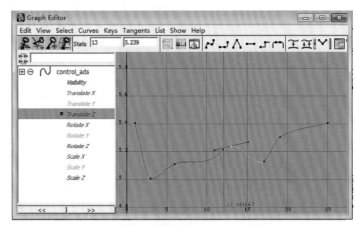

图 4-2-17

(6)同上操作,修改胸腔控制器,这样完成后,福娃的走路动作就基本完成了。

(7)根据人走路的实际情况,身体的高度是随着步子的变换而高低起伏的,通过控制"root"的控制器来控制走路时身高的变化。一般来说,正常的走路会产生 6 次身高变化,在

1～13 帧中,若第 1 帧为正常高度,那么第 4 帧时,身体由于腿部弯曲而变矮(图 4-2-18)。到第 9 帧时,又由于腿部伸直而变高(图 4-2-19)。同样的道理,在 13～25 帧中,18 帧身体变矮,第 21 帧时身体变高。

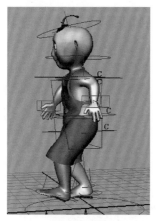

图 4-2-18

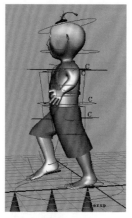

图 4-2-19

(8) 移动时间滑块,就可以看到一个在走路的福娃。

课后拓展

使用前面章节绑定好的角色骨骼,制作一些完整的动画片段。在后续的动画制作中逐步加入故事情节,完成一段简短的小动画。

第五章 灯光与摄像机篇

现实生活中的光影在不同时间段、不同的天气和环境下，都有明显的特征。要模拟出真实的场景，需要平时多观察现实生活的光影特征。《福娃闯天下》动画片中以小山村的场景为主，这就需要根据场景的布局和建筑特点，选择合理的角度构建摄像机；根据构图布置场景灯光，模拟真实光线进行渲染。

第一节　小山村灯光设置

任务目标：掌握 Maya 灯光和摄像机的基本操作原理；熟练运用 Maya 灯光设置，进行小山村灯光布置；掌握摄像机设置，调整镜头角度；按照现实生活中的光源，模拟小山村的场景灯光。

任务介绍：根据动画片的实际需要进行小山村的布光。

任务分析：在了解布光的基本原则和方式后，根据小山村的特点与剧情需要选择合适的灯光参数调整。本项目案例通过 Maya 自身的灯光系统的运用，渲染出真实的光影效果。

重点：Maya 灯光的基本属性。

难点：灯光的高级应用。

任务实施：本案例中小山村灯光设置由布置主光源、布置辅助光源、布置背光源、布置环境光源、小山村场景渲染五个部分组成。下面将分别进行任务的实施。

一、布置主光源

（1）夜晚的天光是主光源，之前提到在 Maya 中天光主要用"Diretional Light（平行光）"来模拟。

（2）打开小山村场景文件，在菜单中选择"Creat（创建）/Lights（灯光）/Diretional Light（平行光）"，如图 5-1-1 所示。主光源灯光位置如图 5-1-2 所示。

（3）在主光源灯光参数设置方面，因为是晚上，所以"Diretional Light（平行光）"的"Color（颜色）"设置为偏冷的颜色，"Intensity（强度）＝0.33"。"Shadows（阴影）"类型选择"Ray Trace Shadows（光线跟踪阴影）""Light Angle＝1.0"，参数设置如图 5-1-3 所示。

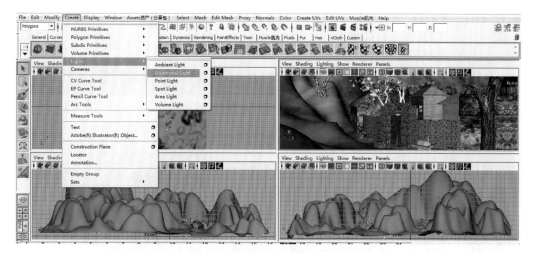

图 5-1-1

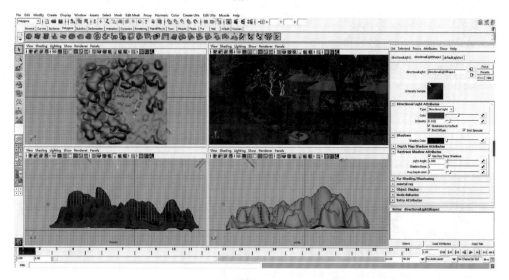

图 5-1-2

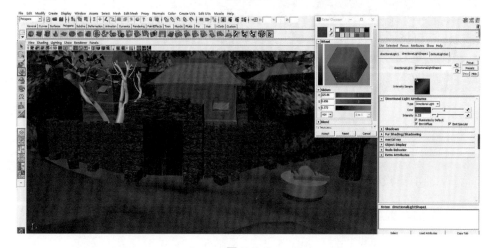

图 5-1-3

（4）选择菜单"Window（窗口）/Rendering Editors（渲染编辑器）/Render Settings（渲染设置）"，或者单击渲染旁边的渲染设置图标，打开渲染设置，在"Quality（品质）"选择"Production quality（产品级别）"并且勾选"Raytracing Quality（光线追踪）"（图 5-1-4、图5-1-5）。

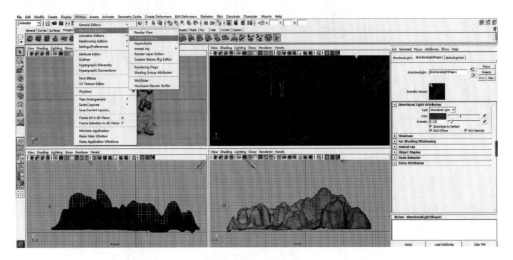

图 5-1-4

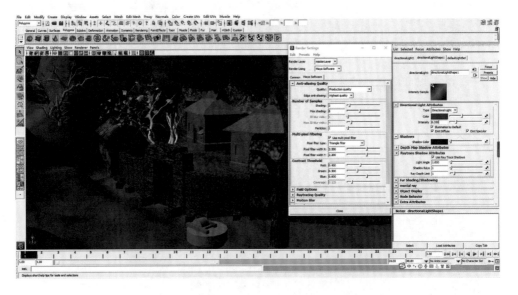

图 5-1-5

（5）小山村渲染设置完毕后，渲染测试效果如图 5-1-6 所示。

二、布置辅助光源

（1）观察渲染测试效果后可以得到主光源照射的效果，但是由于只有一盏灯，所以暗部

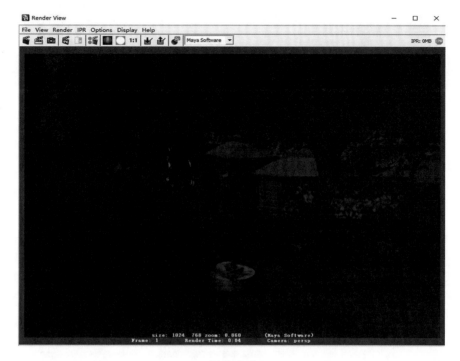

图 5-1-6

很暗，这时需要创建一盏辅光灯，在场景中再创建一盏"Diretional Light（平行光）"。

（2）辅助光源的颜色设置为偏冷的颜色，和主光源对应。因为辅助光比主光源要弱一些，所以"Intensity（强度）"设置为"0.16"，如图 5-1-7 所示。设置完毕后，渲染测试效果如图 5-1-8 所示。

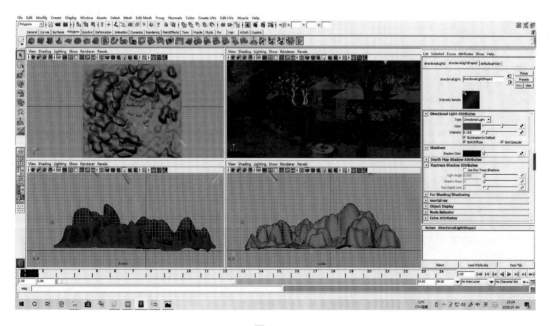

图 5-1-7

图 5-1-8

三、布置背光源

为了将模型物体与背景区分开,需要为场景添加背光源。选中辅助光源后执行"Ctrl＋D键"复制一盏灯光作为背景光源,调整其位置,设置完毕后,渲染测试效果如图 5-1-9、图 5-1-10 所示。

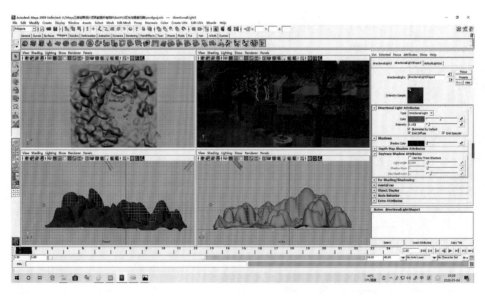

图 5-1-9

图 5-1-10

四、布置环境光源

（1）观察渲染结果，此时效果已经比较明显，只是屋檐下的一些地方还有些暗，接着可以创建一盏环境光源模拟地面反光来照亮这些暗部。

（2）在菜单中选择"Creat（创建）/Lights（灯光）/Ambient Light（环境光）"。

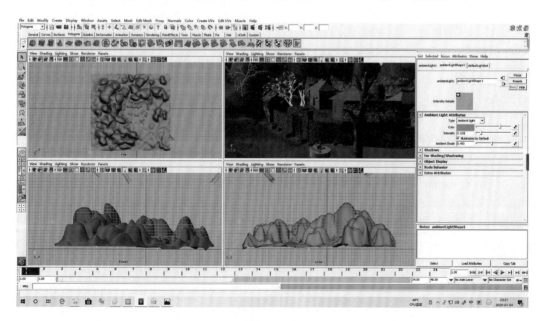

图 5-1-11

(3) 环境光参数方面。因为环境光是周围光源的反射光,所以"Ambient Light(环境光)"的颜色设置为偏暖的颜色,同时与主光源形成冷暖对比。另外,由于需要模拟地面反光,所以强度很低,"Intensity(强度)"设置为"0.12",如图 5-1-11 所示。环境光参数设置完毕后,渲染测试效果如图 5-1-12 所示。

图 5-1-12

第二节　灯光高级应用

任务目标:了解灯光雾、辉光等高级灯光技巧。

任务介绍:认识和了解 Maya 灯光系统中灯光雾、辉光等效果的创建和参数的设置。

任务分析:在现实生活中,除了常见的平行光、环境光、点光,还有一些特殊的灯光效果,Maya 灯光系统同样可以进行逼真的模拟。

任务实施:本案例是在小山村设置一些特殊的灯光效果,这里将分为灯光雾、灯光阴影、辉光效果三个部分完成本小节的教学内容。下面将分别进行任务的实施。

一、灯光雾

(1) 在小山村场景中创建一盏"Spot Light(聚光灯)"。打开灯光属性面板,在"Light Effects(灯光效果)"部分中,单击"Light Fog(灯光雾)"属性右边的"Map(贴图)"按钮,

Maya 会自动为"Light Fog"创建一个灯光雾节点，如图 5-2-1、图 5-2-2 所示。

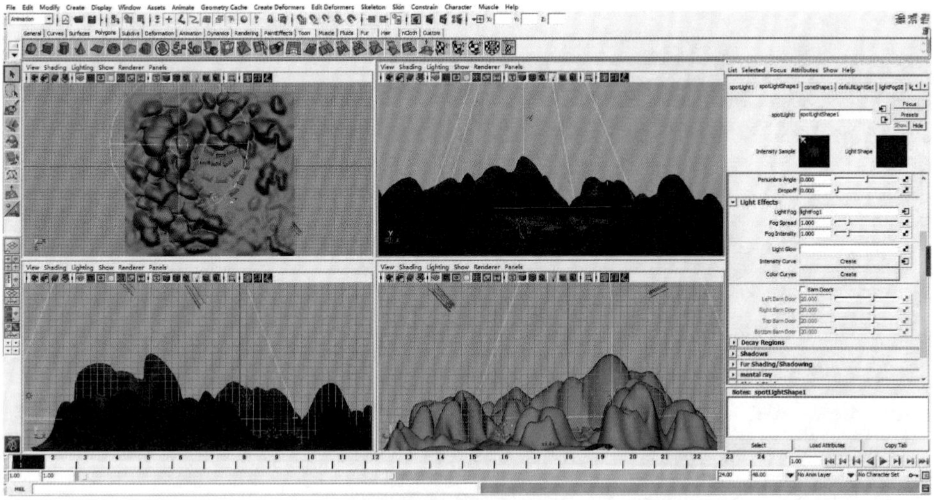

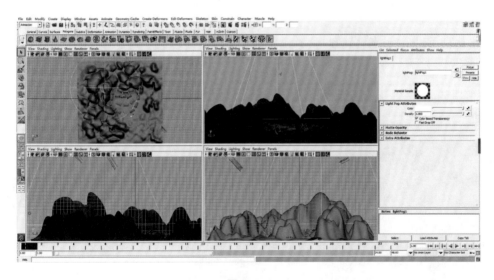

图 5-2-1

图 5-2-2

（2）调整"Color(颜色)"可以修改灯光雾的颜色；调整"Density(密度)"可以修改灯光雾的浓度，其数值越大则浓度越大。通过调整"Fog Spread(雾展开)"可以修改灯光雾的扩散度，数值越大则扩散度越大；调整"Fog Intensity(灯光雾强度)"可以修改灯光雾的强度，同样数值越大越亮，效果如图 5-2-3 所示。

二、灯光雾的阴影

勾选灯光雾阴影选项，渲染灯光雾可以得到类似体积光的效果。在之前介绍灯光阴影的时候，提到灯光雾开启时的"Fog Shadow Attributes(灯光雾阴影属性)"和"Fog Shadow

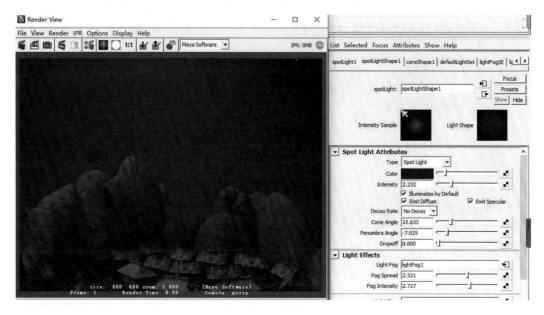

图 5-2-3

Samples(灯光雾阴影采样)"这两个属性。简单看一下调整它们的参数会达到什么样的效果,如图 5-2-4～图 5-2-7 所示。

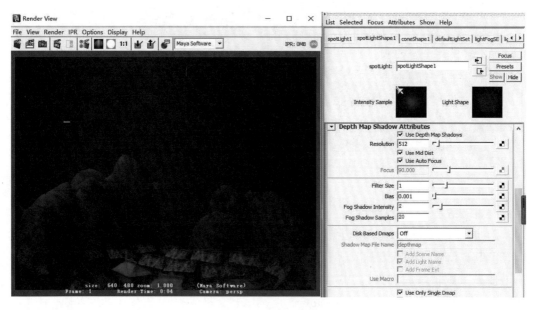

图 5-2-4

当画面产生很多噪点的时候,可以通过加大灯光雾阴影的采样值来减少噪点,但是会增加渲染时间。

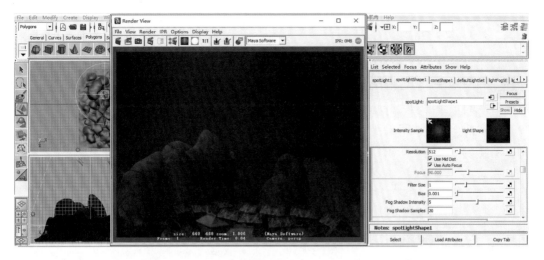

图 5-2-5

图 5-2-6

图 5-2-7

三、辉光效果

（1）在小山村场景中创建一盏"Pion Light（点光源）"，打开灯光属性面板，在"Light Effects（灯光效果）"部分中，单击"Light Glow（灯光雾）"属性右边的"Map（贴图）"按钮（图5-2-8）。

（2）Maya 会自动为"Light Glow"创建一个"opticalFX1（辉光节点）"（图5-2-9）。

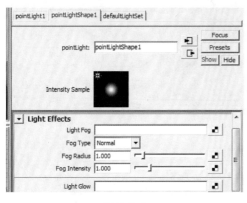

图 5-2-8

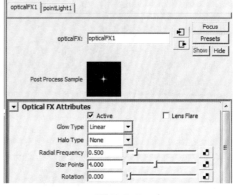

图 5-2-9

（3）展开"Glow Type（辉光类型）"的下拉列表，可以更改辉光的效果，Maya 默认提供了"Liner（线性）""Exponential（指数）""Ball（球体）""Len Flare（光斑）"和"Rim Halo（光环边缘）"5 种辉光效果（图 5-2-10）。

（4）通过上述辉光类型配合"Halo Type（光晕类型）"，可以组合出丰富多样的辉光效果。此外，勾选"Lens Flare（镜头光斑）"可以为光源添加光斑特效，效果如图 5-2-11 所示。

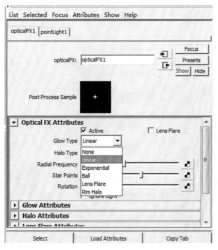

图 5-2-10

图 5-2-11

第三节　小山村中摄像机的设置

任务目标:认识及了解 Maya 摄像机在小山村场景的创建。

任务介绍:系统介绍了 Maya 摄像机在小山村场景应用过程中的属性设置。

任务分析:在虚拟的三维环境中工作时,摄像机允许选取和记录环境中的部分内容,没有摄像机,就不能看见或者显示计算机所产生的虚拟世界。

任务实施:本案例是通过在小山村架一些摄像机从而得到动画故事中需要的镜头。摄像机也是动画渲染过程中一个重要的环节。Maya 摄像机有着和真实摄像机一样的功能,可以调整自身的焦距、视野和景深,并且比真实的摄像机更具有可操控性。观察小山村场景中的内容必须通过摄像机,Maya 中的场景默认为四视图:顶视图、前视图、侧视图、透视图,所以每一个默认的视图必须设置四架摄像机。

一、创建小山村场景中的摄像机

(1) Maya 软件中有三种摄像机:Cameras(自由摄像机)、Cameras and Aim(目标摄像机)、Cameras,Aim and Up(瞄准和向上)。打开小山村场景文件,首先要架设一个自由摄像机,选择"Create＞Cameras＞Camera"创建一个自由摄像机(图 5-3-1)。

图 5-3-1

(2) 在透视图中执行"Panels(面板)/Perspective(透视图)/camera1(摄像机 1)",可以将透视图切换为刚刚创建的摄像机视图(图 5-3-2)。

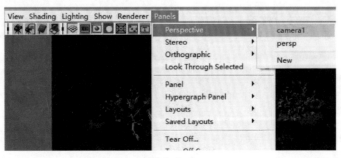

图 5-3-2

（3）选择摄像机，通过"移动、旋转"工具可以调整摄像机视图的机位，也可以在摄像机视图内通过与调整透视相同的操作来调整摄像机机位（图 5-3-3）。

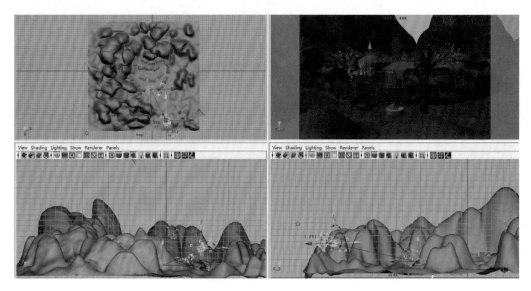

图 5-3-3

（4）选择"View（视图）/Camera Setting（摄像机设置）/Resolution Gate（分辨率框）"可以显示摄像机视图的安全范围（图 5-3-4）。

图 5-3-4

（5）Maya 中摄像机的安全显示：打开"View（视图）/Camera Settings（摄像机设置）"，能够更加直观地看到摄像机渲染的范围（图 5-3-5）。

在动画中，摄像机常用的选项有以下三项：

① "View（视图）/Camera Settings（摄像机设置）/Resolution Gate（分辨率框）"：真正渲

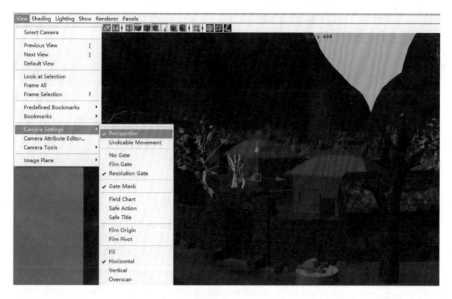

图 5-3-5

染的图片尺寸由"Render Settings(渲染设置)"设置面板决定。

②"View(视图)/Camera Settings(摄像机设置)/Safe Action(安全框)":图像输入显视设备后,周围的一部分会被裁掉,只显示安全框之内的图像内容,所以一定要注意不能将场景中重要的景物放置在安全框之外。

③"View(视图)/Camera Settings(摄像机设置)/Safe Title(安全标题框)":提示文字标题不应超过安全标题框界限,这项命令的最主要目的是不让文字太靠近边界。

二、设置小山村场景中摄像机的参数

打开摄像机的设置面板,了解 Maya 中摄像机的相关参数设置(图5-3-6)。

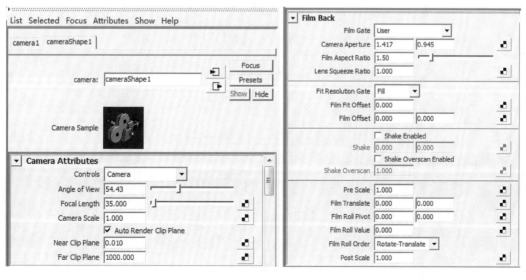

图 5-3-6

1．Camera Attributes(基本设定)

(1) Angle of View(视角)——决定了镜头中物体的大小。

(2) Focal Length(焦距)——镜头中心至胶片的距离。焦距的单位是毫米(mm)。

(3) Camera Scale(焦距刻度)——焦距的缩放值。

(4) Near Clip Plane(近切面)——以距离为基准。

(5) Far Clip Plane(远切面)——以物体为基准。

2．Film Back(电影板设定)

(1) Film Gate(胶片框)——提供孔径的预设。所谓的 36 mm 胶片中的"36 mm"一般就是指 Film Back 的宽度。

(2) Camera Aperture X/Y(取景框 长度/宽度)——取景框长度与宽度的设定值。

(3) Film Aspect Ratio(胶片长宽比)——胶片长宽比的设定值。

(4) Lens Squeeze Ratio(纵向伸缩率)。这个值修改的是 Film Gate(胶片框)。

(5) Fit Resolution Gate(适配分辨率门)。如果 Film Gate(胶片框)和 Resolution Gate(分辨率门)的比率不同,若需要使两者匹配,则可以利用 Fill(填充)/Horizontal(水平)/Vertical(垂直)/OverScan(过扫描)四种方式。

(6) Film Fit Offset(影片卷动驱轴)。如果匹配方式为 Horizontal(水平)/Vertical(垂直),在相应的方向上偏移距离(inch)。

(7) Film Offset(聚焦区域缩放)。X/Y 匹配时,横向/纵向的偏离距离。

课后拓展

根据提供的场景模型进行恰当的灯光布置及摄像机的架设。

第六章 渲　染　输　出　篇

渲染输出是动画片《福娃闯天下》中继建模、材质、动画、特效之后的最后一项任务,选择正确的渲染器,设置完正确的渲染参数后,剩下的工作就是等待渲染输出。在这里需要注意在点击"渲染"按钮时,需要仔细检查一下模型、材质、动画、特效等在场景中需要渲染的一切是否存在问题,并确认渲染选择的摄像机位置是否正确。检查无误后,再点击"渲染"按钮。如果不仔细检查确认,即使是一个很小的问题仍需重新渲染。

第一节 《福娃闯天下》的渲染设置

任务目标:认识及了解 Maya 的渲染设置;掌握 Maya Vector(Maya 矢量渲染) 的设置与渲染方法;掌握 Maya Hardware(Maya 硬件渲染)的设置与渲染方法;掌握内部渲染与外部渲染的方法;掌握可以提高渲染速度的技巧。

任务介绍:该项目以《福娃闯天下》动画片渲染输出为例,通过线框效果渲染、卡通材质效果渲染学习应用,进一步掌握 Maya Hardware(Maya 硬件渲染)和 Maya Vector(Maya 矢量渲染)、Maya 默认渲染器。Maya Software(Maya 软件渲染)在内置的三种渲染器中使用率最高。

任务分析:《福娃闯天下》动画片的材质、灯光、摄像机设置完成后,需要对场景进行渲染与输出,通过本项目的输出,介绍渲染窗口的组成及 Maya 中各种渲染器的使用方法。根据小山村场景需要选择适合的渲染器、正确的设置渲染参数,并准确地控制渲染过程。

重点:批渲染。

难点:Maya Software(Maya 软件渲染)参数设置。

任务实施:本案例对《福娃闯天下》动画片开场片段进行渲染设置。动画的渲染输出是动画片制作的最后环节,正确的渲染设置才可以将前面制作的结果展示出来。

一、全局渲染面板

在 Maya 软件的主界面中,执行"Window(窗口)/Rendering Editors(渲染编辑器)/Render Settings(全局渲染面板)",打开全局渲染面板。也可以用鼠标单击 Maya 工具栏上的全局渲染面板的按钮将其打开。

在 Maya 软件中,制作的作品要进行渲染才能够展示于大众面前。此外, Maya 软件中渲染是一个极其重要的环节,再加上 Maya 嵌入了特有的 Mental Ray 渲染器,使得 Maya 的渲染部分功能变得更加强大(图 6-1-1)。

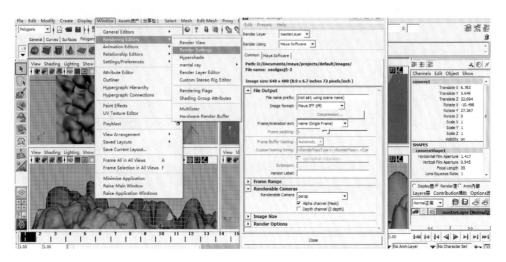

图 6-1-1

"Render Settings(全局渲染面板)"其实有两个不同的面板,分别是"Common(公共面板)"和"特定渲染器面板"(图 6-1-2)。"Common(公共面板)"主要用于设置图像文件输出

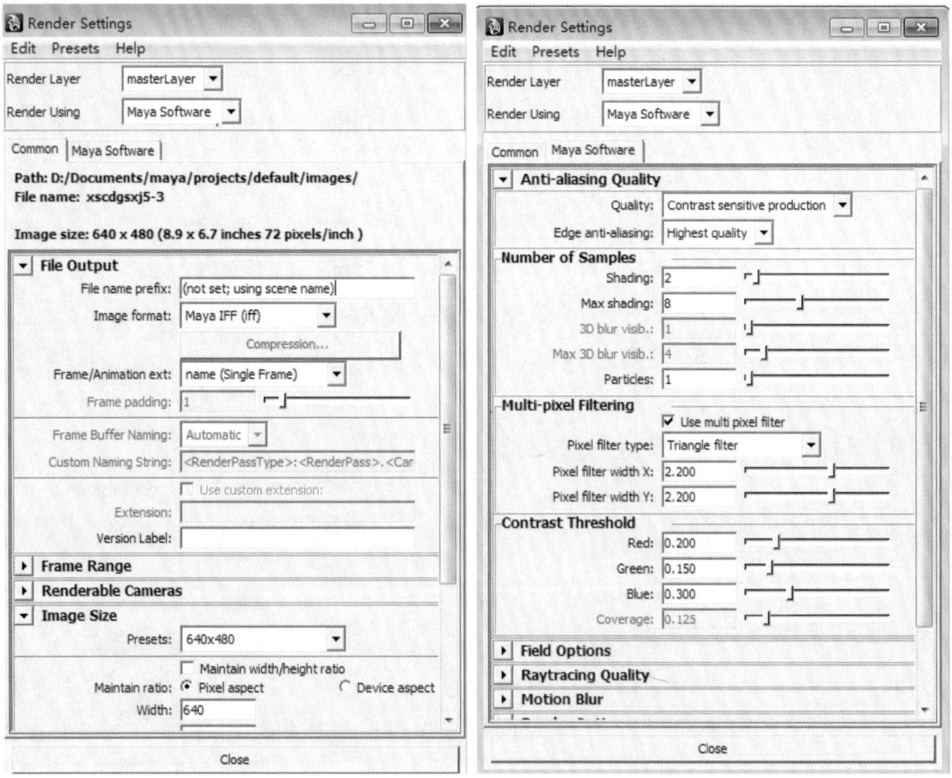

图 6-1-2

的文件名、图像格式、动画帧扩展名、动画的起始帧与结束帧、可渲染摄影机，以及图像大小等；"特定渲染器面板"主要用于设置抗锯齿质量、场选项、光线跟踪质量、运动模糊、渲染选项、内存和性能选项、交互式超写实渲染选项、画笔特效渲染选项等。

二、重要参数设置

Maya 一共有 4 个渲染器，除去原先的默认渲染器"Software（软件渲染）"外，还有"Hardware（硬件渲染）"、"Vector（矢量）"渲染器和"mental ray（模拟光照）"。

"Common 面板"是 Maya 4 个渲染器的公用参数设置面板，其上面的所有参数都是针对渲染的图片或影像，例如文件名称、文件的格式、文件的尺寸大小等。这些参数在 Maya 的 4 个渲染器中可以公用。

参照着图 6-1-3，对 Maya 的渲染面板中的"Common（公共面板）"进行一些关键参数的详解。

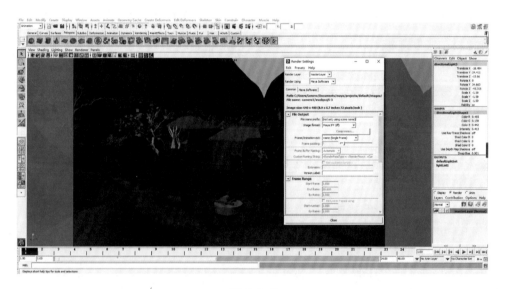

图 6-1-3

（一）File Name Prefix（文件名）

进入 Maya 渲染面板的"Common（公共属性）"面板，单击打开最上面的"Image File Output"卷轴栏，可以看到最上面的"File Name Prefix（文件名前缀）"的属性设置，这是给 Maya 渲染出来的文件命名的参数，可以在框中输入想要命名的文件名，然后按下"回车键"进行确定。

（二）Frame/Animation Ext（帧/动画 扩展名）

这是设置命名格式的一个属性设置。在它的下拉菜单里有 6 种不同的形式供操作者选择。其中前 2 项，也就是后面带有"Single Frame"字样的是设置单帧渲染的形式，而其他的形式则是设置图片序列的。

做影视作品的时候，很多情况因为需要考虑到压缩和后期合成的问题，不直接使用渲染出来视频格式,而是一般都先渲染成序列图片,即单张的图片,然后在后期软件里进行合成和调整,并最后输出。例如以文件名为"xsc0999. png"为例,"name.♯.ext"格式就会命名为"xsc0999. png","name.ext.♯"格式就会命名为"xsc. png. 0999",以此类推(图 6-1-4)。

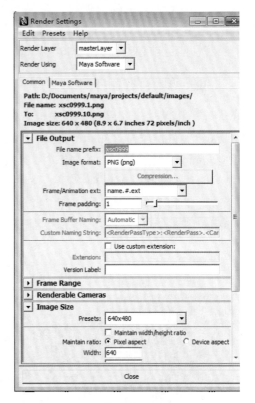

图 6-1-4

(三) Image Format(输出文件格式)

打开"Image Format(输出文件格式)"下拉菜单,就会发现这里其实设置"渲染输出"的格式。如果只是平常保存在电脑里,可以使用".jpg"格式;如果要进行印刷,一定要使用".tif"格式。另外,如果想要输出带有通道的序列图片,可以使用".tga"或".png" 格式。

(四) Start/End/By Frame(开始/结束/帧数)

在前面的"Frame/Animation Ext"属性中设置为图片序列格式的话,下面 4 个原本是灰色不可调整的属性就会以正常的模式显示出来,供 Maya 的操作者进行调节和操作。其中,"Start Frame(开始帧)"是调节开始渲染的起始帧,渲染会从输入的数字帧开始进行。

"End Frame(结束帧)"是和"Start Frame(开始帧)"正好相反的一个属性,它是设置结束帧的属性,即按照输入的数字来决定在哪一帧结束渲染。

"By Frame"是一个比较特殊的属性,它是进行隔帧渲染的一个参数,输入的数字是多少,渲染时就会隔多少帧渲染。虽然渲染出来的视频会很顿,但是有时候只是为了展示一下效果。

"Frame Padding(帧搁栅)"属性,这是关于序列图片的数字位数的调节。一般来说,序列图片的名字是"＊＊＊＊(项目名称). 001"这种格式的,如果渲染的影视文件有上万的帧数,那么此时再用 3 位数的设置就不行了,这时可以在"Frame Padding"属性后面的小方框中输入数字"5",以五位数的方式进行命名(图 6-1-5)。

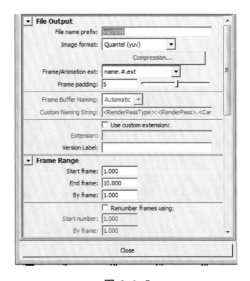

图 6-1-5

（五）Renderable Camera(可渲染摄影机)卷轴栏其他属性

在"Renderable Camera(可渲染摄影机)"卷轴栏的下面,有一个"Renderable Camera"的下拉菜单,在下拉菜单中可以看到全部的摄像机视图,这样就方便确定选择渲染时以哪个摄像机视图为准进行渲染。

在"Camera"属性的下面有 2 个输出选项,分别是"Alpha Channel(透明通道)"和"Depth Channel(深度通道)",可以通过勾选其前面的小方框来进行输出的设置。Maya 系统默认的设置是"Alpha Channel"呈打开状态,而"Depth Channel"则是关闭着的(图 6-1-6)。

（六）Common(公共属性)面板其他重要属性

单击打开"Common"面板中间的"Image Size(图像大小)"卷轴栏,这里可以设置渲染的文件尺寸大小。也可以在其中的"Presets(预设)"下拉菜单中直接选择一些常用设置(图 6-1-7)。

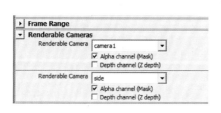

图 6-1-6

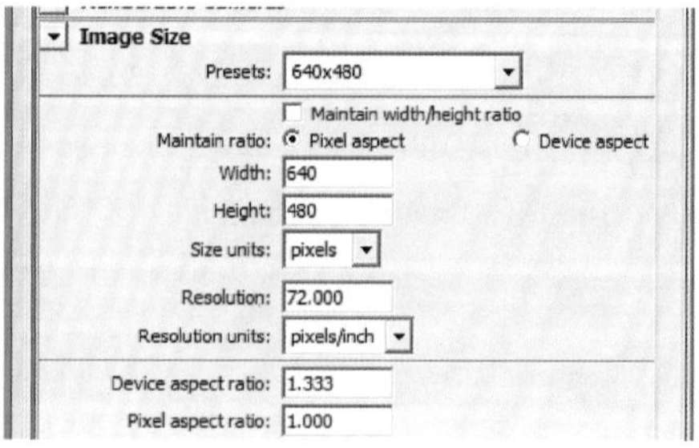

图 6-1-7

（七）Batch Render(批量渲染)

一般情况下,在 Maya 的全局渲染面板中设置完输出序列图片后,单击渲染按钮进行渲染,若发现 Maya 依旧是只渲染一帧的图像,这时候需要在渲染菜单进行批量渲染设置。按"F6键"将菜单切换到"Rendering(渲染)"模块,这时 Maya 的主菜单会发生一些变化。执行主菜单的"Render/Batch Render",Maya 就会自动地进行批量渲染序列图片的渲染输出(图 6-1-8)。

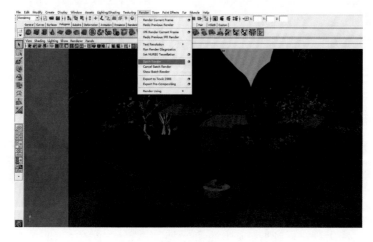

图 6-1-8

（八）Quality（渲染输出品质设置）

Maya 的默认渲染器是"Software（软件渲染器）"，进行输出的时候，首先要注意的是输出文件的品质，即图像的精度。这个属性参数的调节是在"Software（软件渲染器）"属性设置面板的最上面。

单击打开"Anti-aliasing Quality（抗锯齿质量）"卷轴栏，可以看到其中就有"Quality（品质）"属性设置的下拉菜单，点开会看到不同的品质的设置。其中 Maya 默认的是"Custom（自定义）"，也就是默认的预览渲染品质。但是这个设置是无法满足正规作品的需要的。

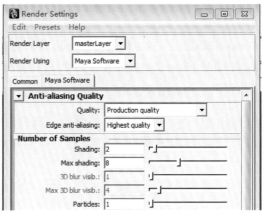

图 6-1-9

如果需满足正规作品的需要，可以选择"Production Quality（产品品质）"，选择后会看到"Edge Anti-aliasing"已经被自动设置为"Highest Quality（最高品质）"（图6-1-9）。

第二节 《福娃闯天下》的分层渲染和后期合成

任务目标：制作出高品质的动画片段。

任务介绍：系统介绍了《福娃闯天下》动画片中的渲染设置。

任务分析：为了得到更多的场景明暗信息与制作好的皮肤质感的角色，可以使用分层渲染将不同的皮肤明暗分别渲染出来，并结合阴影加深层在 Photoshop 中进行叠加。

任务实施：本案例对《福娃闯天下》动画中主角福娃进行分层渲染，并完成其后期合成。动画的渲染输出是《福娃闯天下》动画最后的收尾工作，好的渲染和后期合成会为故事增色。

一、福娃的分层渲染

分层渲染是将一个完整的场景或角色，分为不同的部分渲染出来，然后在后期软件中进行合成的一种工作方式。其特点是可以对渲染出来的每一个层进行单独的调节，使后期合成的效果更加丰富、细腻。

分层渲染可以分为两种：一种是将场景里的所有物体分类，例如分为人物层、室内场景层、远景层等分别输出；另一种则是按照性质分类，例如分为颜色层、阴影层、反射层等分别输出。一般的公司中都会使用分层渲染来制作动画。

（1）创建渲染层。使用 Maya 中的"Render（渲染层）"功能可以轻松地输出分层图片。在渲染层窗口中创建 3 个渲染层，分别命名为"color（颜色层）""deep_color（深色层）""Occ（阴影加深层）"（图6-2-1）。

（2）添加模型到"color（颜色）"渲染层。右击"masterLayer（主层）"，在弹出的菜单中选择"Selected Objects In Layer（选择层中包含的物体）"命令（图6-2-2）。

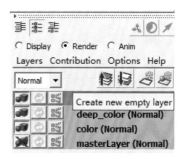

图 6-2-1

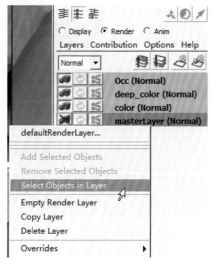

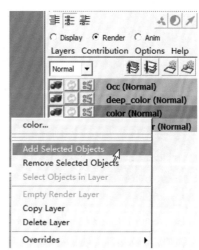

图 6-2-2　　　　　　　　　　　　图 6-2-3

接着右击"color（颜色）"渲染层，在弹出的菜单中选择"Add Selected Objects（将选择的物体添加到层）"命令，将所有物体都添加到"color（颜色）"渲染层中等待渲染（图 6-2-3）。

（3）制作深色皮肤层。深色皮肤层作用是将皮肤的颜色加深，得到比较暗淡的皮肤效果，这样可以在后期软件中灵活地控制皮肤的明暗。将福娃皮肤添加到深色皮肤中（图6-2-4）。

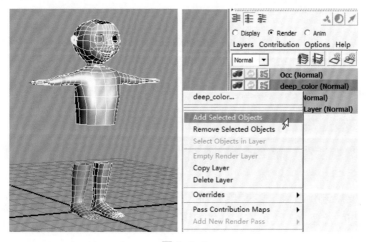

图 6-2-4

（4）打开皮肤属性面板，右击"Presets（预设）"按钮，选择"Geometry Matte（几何体哑光板）"命令（图 6-2-5），在打开的面板设置参数（图 6-2-6），接着渲染，效果如图 6-2-7 所示。

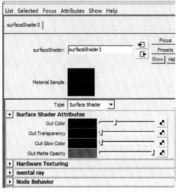

图 6-2-5　　　　　　　　　　图 6-2-6　　　　　　　　　　图 6-2-7

（5）制作阴影加深层。阴影加深层的作用是渲染出只有黑白过渡的明暗图像，可以在后期软件中叠加出很好的层次感，将整个模型添加到"Occ（阴影加深）"层中（图 6-2-8）。

（6）选择"Occ（阴影加深）"层，点击右键，在弹出的菜单中找到"Attrbutes（属性）"，对其进行设置（图 6-2-9）。

图 6-2-8

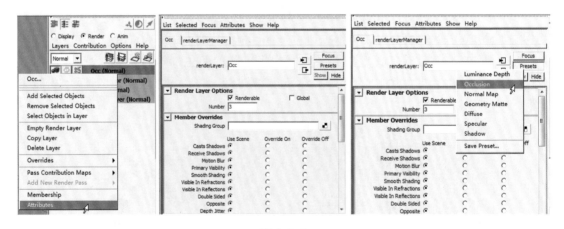

图 6-2-9

（7）点击器属性栏右上角"Presets（预设）"如图 6-2-10 所示。在弹出的菜单中选择"Occlusion（闭塞）"材质，此材质节点为"mental ray（模拟光照）"渲染器专有，必须使用"mental ray"渲染器进行渲染。选择此材质，"Samples（采样值）"设置为"256"，可以增加渲染效果的细致程度，渲染效果如图 6-2-11 所示。

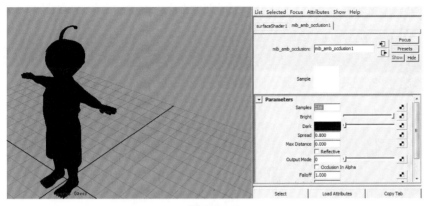

图 6-2-10　　　　　　　　　　　　　　　　　　　　图 6-2-11

（8）选择"color（颜色层）"，单击渲染图标  进行渲染，效果如图 6-2-12 所示。

渲染层的优势在于可以将同一个模型放置在不同的渲染层中，为其添加不同的材质。渲染层也可以在批量渲染时使用，分别输出不同的材质，方便后期合成。

二、福娃的后期合成

数字合成是动画片流程的尾声，对于完美镜头的呈现起着至关重要的作用，前面的各个环节都已经准备就绪，下面将使用 Photoshop 软件对渲染好的图像进行处理。

（1）导入分层图。将渲染好的图层导入 Photoshop 软件。导入"color（颜色层）""deep_color（深色层）""Occ（阴影加深层）"的图片文件等待合成（图 6-2-13）。

图 6-2-12

（2）合并图像至一个"PSD"文件。分别将"deep_color（深色层）""Occ（阴影加深层）"对齐到"color（颜色层）"文件中（图 6-2-14）。

（3）将"deep_color（深色层）"放置在"color（颜色层）"的上一层，并使用柔光方式叠加；将不透明度设置为"35％"，增加皮肤的明暗对比（图 6-2-15）。

（4）将"Occ（阴影加深层）"放置在图层的最上方，叠加方式为"正片叠底"，透明度设置为"60％"。这是用来影响其下面所有的图层效果，以加强图像的立体感（图 6-2-16）。

（5）合并所有图层，使用曲线调整工具，可以进一步调节图像的明暗效果。调整色彩平衡，使画面略微带一些色彩倾向，最终效果如图 6-2-17～图 6-2-19 所示。

图 6-2-13

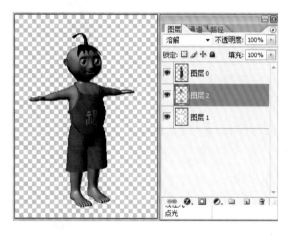

图 6-2-14

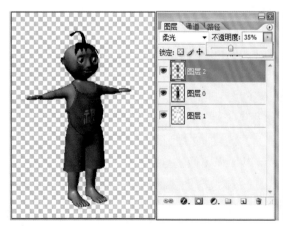

图 6-2-15

图 6-2-16

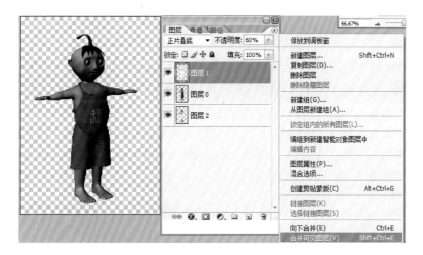

图 6-2-17

图 6-2-18

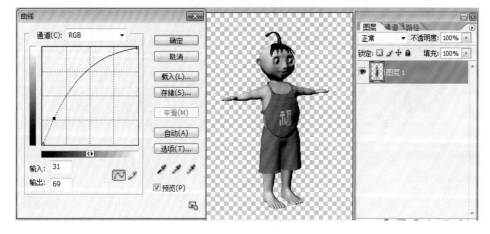

图 6-2-19

三、《福娃闯天下》全景的分层渲染与合成

分层渲染是将一个完整的场景或角色,分为不同的部分渲染出来,然后在后期软件中进行合成的一种工作方式。其特点是可以对渲染出来的每一个层进行单独的调节,使后期合成的效果更加丰富。

(1) 打开场景文件"qbhc. mb",在 File(文件)菜单下面执行"Import…(导入)"命令(图 6-2-20),在弹出的对话框中选择"fwdh1"点击"Import(导入)"(图 6-2-21)按钮将福娃导入到场景(图 6-2-22)。

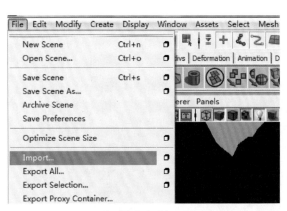

图 6-2-20

图 6-2-21

图 6-2-22

(2) 创建图层。使用 Maya 中的"Display(显示层)"功能可以将角色动画与场景分层输出动画合成图片。如图 6-2-23 所示,在"Display(显示层)"窗口中创建 2 个渲染层,分别命名为"cj""fuwa"(图 6-2-24)。

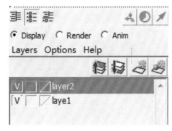

图 6-2-23　　　　　　　　　　　　　图 6-2-24

选择全部场景,右击"cj "层,在弹出的菜单中选择"Add Selected Objects(添加物体到图层)"命令(图 6-2-25),单击图层上的"V"字按钮 V ,使其成为不显示状态 ,即可隐藏全部场景(图 6-2-26),再次单击即可恢复显示。同理,将福娃添加到"fuwa"层。

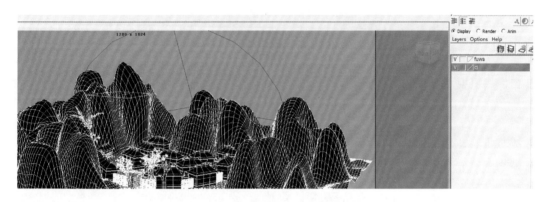

图 6-2-25

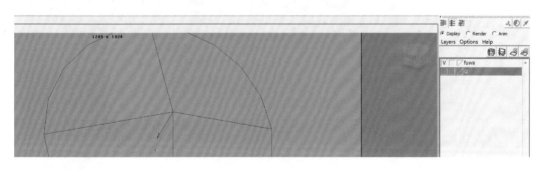

图 6-2-26

(3) 分层渲染。将摄影机调整到合适位置(图 6-2-27),关闭"fuwa"层,点击渲染设置按钮 ,打开"Render Settings(渲染设置)"窗口,设置参数如图 6-2-28 所示。单击渲染按钮 进行渲染,渲染结果如图 6-2-29 所示。在"Render View(渲染)"窗口选择"File(文件)"菜单,执行"Save Image …(保存图像)"命令(图 6-2-30),打开保存窗口,将"File name(文件名)"设置为"qj1",文件类型设置为"png"格式,单击"Save"按钮(图 6-2-31),保存渲染出来的图像文件。

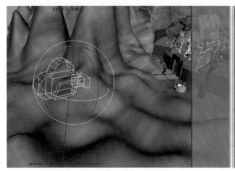

图 6-2-27

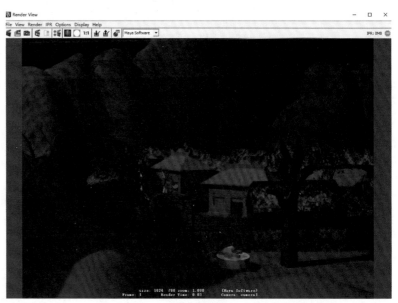

图 6-2-28

图 6-2-29

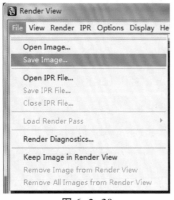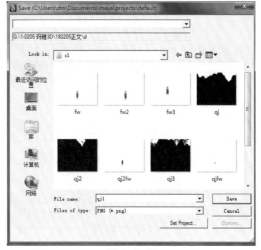

图 6-2-30

图 6-2-31

　　单击"fawa"图层上的第一个空白按钮▨，使"fawa"层成为显示状态Ⅴ，再单击"cj"图层上的"V"字按钮Ⅴ，使其成为不显示状态▨（图6-2-32），点击渲染设置按钮▨，打开"Render Settings(渲染设置)"窗口，设置参数如图6-2-33所示。这里不同的是渲染器选择"Maya Hardware硬件渲染"。单击渲染按钮▨进行渲染，渲染结果如图6-2-34所示。在"Render View(渲染)"窗口选择File文件菜单，执行"Save Image...(保存图像)"命令（图6-2-35），打开保存窗口，将"File name(文件名)"设置为"fw1"，文件类型设置为"png"格式，单击"Save"按钮（图6-2-36），保存渲染出来的图像文件。

图 6-2-32

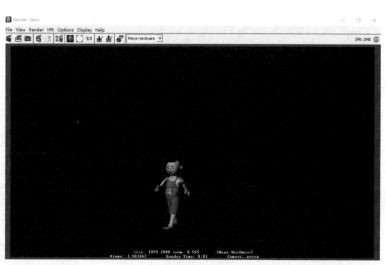

图 6-2-33　　　　　　　　　　　　　　　　图 6-2-34

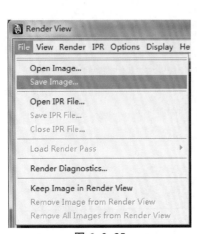

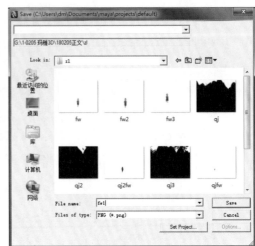

图 6-2-35   图 6-2-36

（4）导入分层图。将渲染好的图层导入 Photoshop 软件。将导入"cj"层"fuwa"层的图片文件进行合成，结果如图 6-2-37 所示。

图 6-2-37

（5）同样的方法，对动画渲染出来的序列图像进行合成，渲染出来动画部分全景图像，效果如图 6-2-38～图 6-2-40 所示。

图 6-2-38

图 6-2-39

图 6-2-40

课后拓展

根据提供的角色和场景,利用不同渲染器进行渲染输出。

参 考 文 献

［1］ADAMS M，MILLER E，SIMS M. Inside Maya5 完全学习手册（上、下）［M］. 郭圣路 译. 北京：中国电力出版社，2004.

［2］王琦. Maya 8 标准培训教材 I［M］. 北京：人民邮电出版社，2008.

［3］房晓溪. 游戏道具设计［M］. 北京：中国水利水电出版社，2009.

［4］金龙. MAYA MODELING 模型卷［M］. 北京：海洋出版社，2008.

［5］房晓溪. 写实风格游戏角色制作教程［M］. 北京：中国水利水电出版社，2009.

［6］廖勇. Maya 骨骼绑定专业技法大揭秘［M］. 北京：清华大学出版社，2012.